CADMOS HUNDEPRAXIS

Hündisch für Nichthunde

CAD MOS
UND E PRAXIS

Lesen
Lernen
Wissen

Martina Braun

Hündisch für Nichthunde

Impressum
Copyright © 2010 by Cadmos Verlag, Schwarzenbek
Gestaltung: Ravenstein + Partner, Verden
Satz: Grafikdesign Weber, Bremen
Titelfoto: Tierfotoagentur.de/R. Richter
Fotos im Innenteil: Ingo Seehafer, falls nicht anders angegeben
Zeichnungen: Esther von Hacht
Lektorat: Sabine Poppe
Druck: Westermann Druck, Zwickau

Deutsche Nationalbibliothek – CIP-Einheitsaufnahme
Die Deutsche Nationalbibliothek verzeichnet diese Publikation in der
Deutschen Nationalbibliografie; detaillierte bibliografische Daten sind im
Internet über http://dnb.ddb.de abrufbar.

Alle Rechte vorbehalten.

Abdruck oder Speicherung in elektronischen Medien nur nach vorheriger
schriftlicher Genehmigung durch den Verlag.
Printed in Germany

ISBN: 978-3-86127-879-5

Inhalt

Einführung 7

Was hat es auf sich
mit den „Nuggets"? 9

Mensch und Hund: zwei
vom gleichen Schlag? 10

Glücklich ist, wer
vergisst, was da nicht
zu ändern ist 17

Partnersuche
einmal anders 19

Guter Züchter,
schlechter Züchter? 24

Hänschen klein, zieht
allein, in die weite Welt
hinein 26

Die wilden
Halbstarken 29

Schrecklich Ding:
Unterordnung 31

Großer Lehrer Wolf 33

Böser Wolf –
guter Wolf 34
   Die Geschlechterverteilung 34
   Die Jahreszeit 35
   Der Ernährungszustand 35
   Die Altersstruktur 36
   Die Umwelteinflüsse 36
   Der Verwandtschaftsgrad 36

Der mit dem Wolf tanzt 38
   Akustische Kommunikation 38
   Das Lesen unserer Körpersprache 40

Was spricht der Hund? 43

Erziehung und Körpersprache 48	Richtig loben bei der Arbeit mit Hunden 73
Bindung und Beziehung – wo ist der Unterschied? 57	Ohne Tadel geht es nicht – aber wie? 75
Dominanz oder Ignoranz? 59	Spielend lernen und lernen zu spielen 77
Der Hund – ein Opportunist 66	Anhang 78
	Die Autorin 78
	Danksagung 79
Was ist Aggressivität? 68	Zum Weiterlesen 79
Wann ist der Hund ein Problemhund und braucht fachliche Hilfe? 71	

Einführung

In meiner tierpsychologischen Praxis lerne ich viele sehr liebe Menschen kennen, die irgendein Problem mit ihrem Hund haben. Häufig bin ich nicht die erste Stelle, die sie um Rat bitten. Viele haben die reinste Odyssee hinter sich. Da gab es Welpenstunden, aus denen sie weggeschickt wurden, weil der Hund „viel zu aggressiv für die anderen spielt". Es wurden Hundeschulen besucht, in denen man ihnen erklärte, dass der Hund erst an Gruppenstunden

Hündisch für Nichthunde

teilnehmen kann, wenn er „sich anständig benimmt". Auf Spaziergängen traf man viele wissende Leute, die einen mit mannigfaltigen Vorwürfen und Ratschlägen bedachten. Und dann gab es auch vereinzelt Tierärzte, die die Hundebesitzer warnten: „Wenn Sie nicht aufpassen, haben Sie hier eine kleine Zeitbombe." Aber wie bitte schön bringt man einen Hund dazu, „sich anständig zu benehmen", und wie um Himmels willen entschärft man kleine „Zeitbomben"? Mit dieser Frage steht der Halter eines Hundes mit Verhaltensauffälligkeiten häufig wieder allein da. Entsprechend verunsichert ist er dann, wenn wir uns endlich kennenlernen. In seiner Verzweiflung hat der Halter sich nun an eine Tierpsychologin gewandt. Und das wurde vom einen oder anderen Bekannten auch noch belächelt und ironisiert: „Dein Hund muss wohl auf die Ledercouch ..."

In jeder Therapie ist die intensive Mitarbeit des Besitzers unerlässlich. Meistens muss er sogar den Großteil des Aufwandes erbringen. Dazu habe ich lange nach einem Weg gesucht, diesen enttäuschten, Hilfe suchenden Hundebesitzer für neue Ideen zu öffnen und zur Mitarbeit zu bewegen. Auf herkömmliche Weise mit vielen Schlagwörtern wie Motivation, Dominanz, Hierarchie muss ich ihm gar nicht mehr kommen. Das hat er schon hundertmal gehört und meistens mit dem Gedanken gekoppelt: „Ich muss meinen Hund besiegen, ihm die Leviten lesen und ihm den Willen brechen."

So kam eines Tages die Idee, nicht mehr von Problemhunden und deren Haltern zu reden, sondern von „Nuggets" und „Goldschürfern". Diese neuen Begriffe hörten die Hundehalter staunend und waren bereit, sich diesen „anderen Weg der Hundeerziehung" anzuhören.

Ich möchte an dieser Stelle ausdrücklich betonen, dass es sehr wohl fantastische Welpenspielstunden und tolle Hundeschulen gibt. Und immer mehr Tierärzte haben in den letzten Jahren ihr Wissen auch auf dem Gebiet der Verhaltensforschung erweitert. Aber leider ist der Beruf des Hundetrainers oder des Verhaltenstherapeuten nicht definiert und gesetzlich geschützt, sodass noch viel Scharlatanerie betrieben wird und Hilfesuchende an „Ausbilder" geraten, die keinerlei kynologisches Hintergrundwissen besitzen. Ausdrücklich erwähnt sei auch, dass im Rahmen dieses Buches einzelne Themen lediglich angeschnitten werden. Es ersetzt keine individuelle Beratung und kann nicht alle Nuancen von möglichem Problemverhalten berücksichtigen.

Was hat es auf sich mit den „Nuggets"?

Eigentlich sind Nuggets natürlich entstandene Goldklümpchen. Fachmännisch verarbeitet werden daraus herrliche Schmuckstücke. Und genau das ist es, wozu dieses Buch anleiten möchte. Jeder Hund ist ein kleines „Goldstück" und gemeinsam wollen wir für „den richtigen Schliff" sorgen. Dabei kann man aber nur herausarbeiten, was in den natürlichen Anlagen des Hundes vorgegeben ist. Wir betreiben keine Dressur.

Bevor die praktischen Übungen mit den Hunden beginnen, sollten wir einiges über unseren vierbeinigen Freund erfahren. Dieses Buch soll Ihnen helfen, ein „Goldschürfer" zu werden, der die naturgegebenen Zusammenhänge (er)kennt und es so versteht, in seinem Hund den „Goldkern", den „Nugget", zu finden und seinem Wesen entsprechend herauszuarbeiten. Wir wollen aus Ihrem Hund ein wahres „Goldstück" machen, an dem sowohl Sie als Besitzer als auch Ihr Umfeld Freude haben können. Die hier beschriebenen Methoden erheben aber keinen Anspruch darauf, die einzig richtigen Lösungen zu sein! Unsere Hunde sind individuelle Persönlichkeiten, und was für den einen toll ist, macht dem anderen gar keinen Spaß. Als Goldschürfer sollte man Einfühlungsvermögen und Fantasie entwickeln. Mein größter Wunsch ist, dass Sie am Ende dieser Lektüre die

Ihr „Goldstückchen" kann nicht aus seiner Haut und auch nicht denken wie ein Mensch.
(Foto: Tierfotoagentur.de/R. Richter)

Hundeerziehung nicht als Anstrengung, als Pflichtübung betrachten, sondern als ein spannendes Abenteuer, zu dem Sie sich gemeinsam mit Ihrem Hundekumpel aufmachen.

Wir sollten dabei offen miteinander sein, denn viele Hundeprobleme sind größtenteils das Resultat unseres eigenen Nichtwissens oder Fehlverhaltens, und auch nicht selten stellen wir falsche Ansprüche an unsere Hunde.

Mensch und Hund: zwei vom gleichen Schlag?

Als moderne Hundehalter sind wir besorgt um das körperliche Wohl unserer Hunde. Vom Körbchen, Spielzeug, von ärztlicher Versorgung bis hin zum Futter – wir tun alles für unsere Hunde! (Nebenbei bemerkt: Alleine in Amerika werden jährlich zwischen drei und fünf Milliarden Dollar ausschließlich für Hundefutter ausgegeben!) Wir wissen, dass unser Hund ein Lauftier ist, und machen wunderschöne lange Spaziergänge mit ihm. Doch ist uns auch wirklich bewusst, dass der Hund – und das ist für

Für unseren Hund sind Spaziergänge gemeinsame Streifzüge durchs Revier.

Mensch und Hund: zwei vom gleichen Schlag?

unser Zusammenleben viel wichtiger – ein Beutegreifer und ein soziales Wesen ist? Wir haben viel gemeinsam, unsere Hunde und wir. Beide wollen wir Zuneigung und ernst genommen werden, wir brauchen Zugehörigkeit, Nähe und die Sicherheit, Mitglied einer sozialen Gemeinschaft zu sein. Die Grundzüge stimmen überein, und dies ist bestimmt der Hauptgrund dafür, warum der Hund in Europa und den USA das am weitesten verbreitete und derart beliebte Haustier ist.

Aber schauen wir mal hinter die Fassade, dann entdecken wir gravierende Unterschiede zwischen Mensch und Hund. Es ist so spannend, eine andere Art zu entdecken! Lassen Sie sich auf das Abenteuer ein, die Geheimnisse zu erkunden, um einen *wirklich* glücklichen Hund Ihr Eigen zu nennen!

Ob wir allein leben, mit einem Partner oder in einer Familie – gemeinsam mit unserem Hund stellen wir eine soziale Gemeinschaft dar. Unser Hund sieht uns als sein Rudel an und er bezieht uns in seine Denkweise ein. Er hat nämlich keine andere! Wir hingegen haben die Möglichkeit, uns auf das Denken unseres Hundes einzustellen, und als Tierfreund liegt es sogar in unserer Verantwortung, „wie ein Hund zu denken" und unseren Hunden beizubringen, „Mensch zu verstehen"! Ich möchte aber klarstellen: *Unsere Hunde denken nicht, wir seien auch Hunde!* Sie nehmen sehr wohl wahr, dass wir einer anderen Art angehören. Aber im Zusammenleben mit uns in der Familie stellen wir für unsere Hunde ein „Ersatzrudel" dar. Denn wir tun Dinge, die – aus Hundesicht – ein Rudel eben tut: Wir leben zusammen, wir essen gemeinsam, wir gehen zusammen auf Streifzüge. An dieses Ersatzrudel stellt der Hund die Erwartungen, die er seiner Denkweise nach an einen sozialen Verbund stellen kann:

 Ein Hund wünscht sich Sicherheit, Zugehörigkeit, Regeln und klar erkennbare Strukturen.

Wir westlichen Menschen leben in aller Regel nicht in einer Sozialgemeinschaft mit hierarchischen, sondern mit demokratischen Grundzügen. Demokratie ist jedoch ein Organisationsmodell, das weder für Wölfe noch für Hunde nachvollziehbar ist, und so wird sich der Hund spätestens beim Erreichen seines 18. Lebensmonats die Frage nach der Rudelführung stellen. Nun kommt es darauf an, wie Sie bis dahin mit Ihrem Hund verfahren sind und welche Vorstellung Sie von Ihrem Zusammenleben haben. Ihr Hund hat jedenfalls ganz klare Vorstellungen! Er wird seinerseits alles ihm Mögliche anstellen, um festzustellen, wer die Leitfigur ist und welche Position er innehat. Er *muss* unbedingt wissen, wer hier der Boss ist. „Warum? Wir könnten doch so schön demokratisch-partnerschaftlich miteinander leben ...", fragen Sie sich vielleicht. Es ist ganz einfach: In seinem genetischen Erbe ist ein uraltes, vom Wolf abstammendes Wissen, ein biologisches Gesetz, verankert! Und dieses biologische Gesetz sagt ihm: „Das wichtigste Ziel meines Daseins ist es, als ein soziales Wesen zu bestehen. Ich sollte zusehen, dass ich meine eigenen Gene weitergeben kann. Dazu muss ich zunächst selbst

Hündisch für Nichthunde

Jeder Hund wird versuchen, seine Grenzen auszuloten. Es ist an Ihnen, ihm zu zeigen, dass Sie der Rudelführer sind.

überleben (Selbsterhaltung) und mich vermehren (Arterhaltung). Ich kann als Rudeltier aber nur überleben, wenn auch mein Rudel überlebt. Allein bin ich nichts, denn ich kann mich als Einzeltier nicht so gut verteidigen, ich kann nicht ein so großes Revier besitzen, und ich kann nicht so große Beutetiere jagen, und auch die Welpenaufzucht mithilfe anderer Rudelmitglieder funktioniert besser."

Die soziale Grundstruktur von Hund und Wolf basiert auf klaren, fein definierten Hierarchien und nicht auf Demokratie. Und das ist auch gut so! Es ist nicht halb so schlimm, wie sich das im ersten Moment anhören mag.

Ein Beispiel: Stellen wir uns ein Wolfsrudel vor, das einen Moschusochsen jagt, und weil es schon lange nichts mehr zu fressen gab, knurren die Mägen gewaltig. Würden Wölfe demokratisch denken, würden sie sich vermutlich zusammensetzen und ausdiskutieren: „Wie erlegen wir diesen Ochsen? Welche Taktik wenden wir an? Wer übernimmt welche Aufgabe?" (Natürlich möchte jeder gern die wichtigste Aufgabe übernehmen!) Tja – bis dann alles bis ins Detail ausdiskutiert wäre, hätte der schöne dicke Moschusochse wohl schon längst das Weite gesucht!

In einer Hierarchie, wie Hund und Wolf sie kennen, ist aber ganz klar festgelegt, wer welche Aufgabe übernimmt. Hier geht es nach der Rangstellung, und nur so kann sich das Wolfsrudel ganz gezielt, in ausgeklügelter Teamarbeit, an den Moschusochsen heranarbeiten und ihn gemeinsam erlegen.

Was haben wir daraus gelernt? Ist also Hierarchie gar nicht gleichzustellen mit Unterdrückung und Knebelung? Genau! Die Vorteile sind nämlich, dass jedes Rudelmitglied seinen Platz innehat und seinen „Aufgabenbereich" kennt. Das gibt enorm viel Sicherheit. Innerlich wie auch nach außen.

Mensch und Hund: zwei vom gleichen Schlag?

Dieses uralte Wissen hat auch Ihr Hund heute noch in sich. Egal, wie groß oder klein er ist, egal, welche Spiele die menschliche Zucht mit seinem Aussehen getrieben hat! Also „denkt" sich Ihr Hund: „Ich lebe in einer sozialen Gemeinschaft, und der Rudelerhalt, also auch mein eigener Fortbestand, wird nur durch klar durchschaubare, stabile Strukturen gesichert. An der Spitze steht dabei ein guter Rudelführer. Du, Mensch, zeig mir, dass du ein guter Rudelführer für mich sein kannst! Denn sonst bin ich gezwungen, mich auf mich selbst zu verlassen. Und, Mensch, zeige mir, wo mein Platz in unserem Rudel ist." Also geht Ihr Vierbeiner hin und zerrt an der Leine („Mal schauen, wer mehr Ausdauer hat!" und „Wer führt, der führt!") oder knurrt Sie probehalber auch mal an, wenn Sie seinen Knochen wegnehmen wollen („Mal sehen, ob sich mein Mensch das von mir gefallen lässt ..." – eine kleine Machtdemonstration!).

Aber vergessen Sie bitte die Idee, er könnte dies aus Bosheit tun oder um Sie zu ärgern oder weil er Sie nicht liebt. Er tut dies alles, weil er *seine Grenzen* erforscht und *seinen Platz* in seinem „Rudel" erfahren will.

Beachte:

Im Kopf unseres Hundes haben demokratische Zustände etwas Angsteinflößendes, Unsicheres, Chaotisches. Da ist kein Halt, keine Struktur. Führung hingegen bedeutet Vertrauen und Sicherheit!

Oder wie sehen Sie das? Stellen Sie sich vor: Sie sind in einer fremden Stadt und möchten eine Stadtrundfahrt machen. Wären Sie nicht auch irritiert, wenn Sie eine Fremdenführerin hätten, die eigentlich noch gar nicht so recht weiß, wo sie mit Ihnen hingehen will und was sie Ihnen zeigen soll?

Lassen Sie uns gemeinsam herausfinden, wie Sie Ihrem Hund ein „guter Führer" sein können, an dessen Seite man sich stark und wohlfühlt.

Ich möchte an dieser Stelle mit einem Irrglauben aufräumen. Wenn ich unterwegs Hunde antreffe, die extrem an der Leine reißen und zerren, bin ich immer wieder erstaunt, wenn die Besitzer dieses Verhalten entschuldigend kommentieren mit: „Er ist halt ein Alpha-Hund!" Es gibt in Wirklichkeit nicht halb so viele Alpha-Hunde, wie man oft glaubt (oder aus Selbstschutz behauptet). Die Natur ist perfekt eingerichtet. Es wäre kontraproduktiv, wenn es viele, viele Hunde mit den Wesenszügen eines Alpha-Tieres gäbe. Statt eine Rudelgemeinschaft aufbauen zu können, in der es darum geht, gemeinsam zu überleben, gäbe es ständig Kämpfe um die Rangstellung. Das sieht man sehr deutlich an Wolfsrudeln, die noch keine klare Struktur haben und in denen die Rollenverteilung nicht ausgefochten ist. Genauso gut können wir das bei Hunden beobachten, die von ihrem Menschen nicht restlos überzeugt worden sind, dass er ein guter Anführer zu sein vermag. Nur sehr wenige Hunde sind sogenannte „Kopfhunde", die wirklich die Führung an sich reißen wollen. Der Großteil will einfach nur definitiv und gesichert wissen: „Wo ist mein

Hündisch für Nichthunde

Ihr Hund braucht klare Verhältnisse: nicht heute mit auf das Sofa ...

... und morgen wieder auf den zugewiesenen Platz.

Platz in meinem Rudel?" Dieser Platz muss klar definiert sein und – ganz wichtig! – von allen Rudel- beziehungsweise Familienmitgliedern gleichermaßen bestätigt werden.

Da ist vielleicht ein Familienmitglied den ganzen Tag um den Hund herum, geht mit ihm zum Training, legt Wert auf einen guten Grundgehorsam und kommt mit ihm bestens klar. Ein anderes Familienmitglied verbringt vielleicht weniger Zeit mit ihm und möchte ihn abends „nur genießen": „Hundi" darf auf das Sofa, bekommt feine Sachen vom Tisch und muss erst beim dritten Rufen kommen. Was denkt sich der Hund dabei? Die menschlichen Signale sind für ihn ganz klar! „Der eine ist mein Rudelführer. Er fordert von mir Anpassung und besteht darauf, dass seine Befehle ausgeführt werden. Da weiß ich, was ich zu tun und zu lassen habe. Er ist mein Chef. Er gibt mir Halt." Und dann ist da der zweite Mensch. „Er ist weich und nachgiebig. Er kann kein Rudelführer sein. Vielleicht ist er sogar schwächer als ich? Das werde ich noch austesten."

 Beachte:

Bitte vergessen Sie nie: Unklare Verhältnisse sind für den Hund nicht zufriedenstellend. Alle Familienmitglieder müssen an einem Strang ziehen. Alle sollten die gleichen, klaren, eindeutigen Befehle verwenden und – noch wichtiger! – alle sollten genauso auf deren Ausführung bestehen.

Mensch und Hund: zwei vom gleichen Schlag?

Bei einer kleinen Familienkonferenz sollten Sie ganz klar definieren: Was darf unser Hund und was nicht? Wie nennen wir was? Wenn Sie wollen, dass Ihr Hund in sein Hundekörbchen geht, dann muss das klar definiert werden, zum Beispiel mit: „Geh ins Körbchen." Wenn einer von Ihnen nun aber „Platz" sagt und dies normalerweise für den Hund das Synonym fürs Hinlegen ist, besteht da schon die erste Verwirrung. Genauso wichtig ist das bei all den anderen Befehlen. Wenn ich das Kommando „Fuß" gebe, dann meine ich, dass mein Hund mit der Schulter auf meiner Kniehöhe nah neben mir läuft. Und zwar auf der linken Seite. Ist mein Hund im Freilauf und ich rufe ihn mit dem Kommando „Fuß" heran, darf ich mich nicht damit zufriedengeben, wenn er nur in meine Nähe kommt. Er muss sich in die Ausgangsposition des „Fuß"-Befehls begeben, nämlich links, nahe neben mir, mit seiner Schulter auf meiner Kniehöhe. Wird auf die exakte Ausführung keinen Wert gelegt, wird der Hund mit der Zeit lernen, dass „Fuß" lediglich nur irgendwo in Ihrer Nähe ist. Mehr nicht.

Ganz heikel ist der Befehl zum Heranrufen eines Hundes. Wenn Sie einfach nur „Komm" rufen, besteht die Gefahr, dass der Hund relativ lange braucht, bis er die Ausführung beherrscht. Zunächst sollte dem Befehl einmal der Name des Hundes vorausgehen, damit er weiß, dass er gemeint ist und ein Befehl für ihn folgt. Dann empfehle ich in der Regel lieber „Hier" zu rufen als „Komm". Das Wort „Komm" verwenden wir andauernd, ohne dass es für den Hund wirklich von Belang wäre. Wir sagen: „Ich komme gleich", oder: „Ach, komm schon!", wenn wir jemanden zu etwas überreden wollen. Oder wir sagen: „Komm, geh mal zur Seite." Ganz verwirrend!

Schenken Sie Ihrem Hund auf Spaziergängen Ihre Aufmerksamkeit – er wartet den ganzen Tag auf diese Zeit mit Ihnen. Geben Sie klare Kommandos und achten Sie auf eine korrekte und stete Ausführung ...

... andernfalls wird er Sie als „Rudelführer" nicht ernst nehmen, Sie ignorieren und sich Dingen zuwenden, die ihm interessanter erscheinen.

Hündisch für Nichthunde

Der Hund merkt bald, dass all diese „Komm" gar keine Bedeutung haben, denn keiner verlangt eine Ausführung! Nur, wie soll er wissen, wann es sich um ein „Komm" für seine Ohren handelt?

Egal, wie man das Herankommen auch nennen mag, wichtig ist, immer den gleichen Befehl zu verwenden und sich klar auszudrücken. Bitte schütten Sie den Hund nicht zu mit „Radio Meckerland". Der Name des Hundes bedeutet: „Achtung! Hier kommt eine Aufforderung für dich." Und dem folgt der Befehl, wie „Sitz" oder „Hier" oder was Sie von ihm möchten. Ein menschliches Phänomen ist, dass wir immer, wenn wir angespannt sind oder nervös werden, anfangen „Arien" zu erzählen. Das klingt dann etwa so: „Nein, nicht ziehen! Hör auf! Setz dich! Hast du gehört? Sitz! Nein, komm jetzt her und mach Sitz! Platz jetzt! Du bist so stur!" Tja – und wo war jetzt der Befehl?

Alle Bezugspersonen des Hundes sollten sich an die vereinbarten Befehle halten. Denn wenn man ein „Nugget" vor sich hat, muss man sich auch vorher überlegen: Machen wir daraus einen Ring oder einen Anhänger? Wenn man einfach drauflosschleift, wird man am Ende vor einem Haufen Staub sitzen!

Tipp:

Übrigens, wenn es Diskussionen gibt, ob der Hund auf das Sofa darf (... es ist doch so schön, ein wenig miteinander zu kuscheln) oder nicht (... aber ewig die Haare auf dem Sofa!) – da gibt es eine ganz tolle Lösung! Dem Hund wird eine Decke zur Verfügung gestellt, die zukünftig ihm gehört. Sie liegt immer dort, wo sein Platz ist. Also in seinem Körbchen im Schlafzimmer oder an seinem Ruheplatz im Wohnzimmer. Und wenn dann die Decke mal auf das Sofa gelegt wird, dann, aber nur dann darf er zu uns auf das Sofa kommen. Jeder Hund wird das verstehen lernen, und so kann man einen schönen Mittelweg finden, der jedem Familienmitglied gerecht wird. Wenn Sie diese Decke auch noch zur „Reisedecke" oder „Auf-Besuch-gehen-Decke" machen, wird Ihr Hund selbst an einem fremden Ort sofort wissen, wo er es sich gemütlich machen darf.

Glücklich ist, wer vergisst, was da nicht zu ändern ist

Wir vergessen allzu gern, dass wir nicht jedes hündische Verhalten mit Erziehung oder Training beeinflussen können. In jedem unserer Hunde ist ein guter Anteil vererbten und zuchtbedingten Verhaltens. Ich möchte hier nicht so weit gehen, auseinanderzupflücken, was erlernt und was erblich bedingt ist. Häufig ist ein Verhaltenskomplex ohnehin schlussendlich ein Mix aus beidem. Ein Beispiel hierfür: Kommt ein Welpe zur Welt, dann „weiß" er, ohne es erst erlernen zu müssen, dass er mit rhythmischen, stempelnden Bewegungen seiner Vorderpfoten den Milchfluss an der Zitze der Mutter anregen kann. Dieser sogenannte Milchtritt ist also angeborenes Verhalten, denn jeder Welpe weiß dies zu tun, egal wo und wie er zur Welt kommt.

In der späteren Entwicklung lernt der Junghund, dass er mit eben diesem Anheben der Pfote andere Hunde beschwichtigen kann. Ein kleiner, draufgängerischer, wilder

Vielfalt der Rassen: Erziehung kann oft nur bedingt Verhaltensweisen beeinflussen.

Hündisch für Nichthunde

Junghund fordert einen erwachsenen Hund so lange heraus, bis es diesem zu bunt wird und er ihn knurrend in seine Schranken weist. Der Junghund reagiert mit beschwichtigendem Pfoteheben, nimmt eine geduckte Körperhaltung ein, versucht, dem erwachsenen Hund die Mundwinkel zu lecken, und vielleicht legt er sich sogar auf den Rücken. Hier ist also die Handlung/Bewegung die Gleiche geblieben. Aber die Bedeutung hat sich verändert: Aus dem einstigen Milchtritt wurde aktive Unterwerfung. Es wurde eine Instinkthandlung durch sozial-kindliche Erfahrungen weiterentwickelt und ritualisiert. Wenn wir unserem Hund dann im späteren Verlauf seines Lebens noch das Pfotegeben lehren, nutzen wir ganz natürliche Anlagen des Hundes.

Milchtritt – niemand zeigt es ihm: Ein Welpe weiß, dass er durch Treten mehr Milch bekommt. (Foto: C. Steimer)

Ein erwachsener Hund hebt die Pfote zur Beschwichtigung – oder weil er gelernt hat, dass es für ihn eine Belohnung gibt.

Sie sehen, dass man angeborene und erlernte Handlungen nicht so leicht voneinander trennen kann. Die Übergänge sind fließend. Und gleichzeitig haben Sie, lieber Goldschürfer, anhand dieses kleinen Beispiels erkannt, wie unser Hund auf natürlichstem Weg und am schnellsten lernt: durch *„Lernen am Erfolg"*. Der Welpe lernt, dass er durch den Milchtritt an Mutters Zitze Erfolg hat, indem er in den Genuss von Milch kommt. Der Junghund lernt, dass er mit einer Verwarnung davonkommt, wenn er sein erwachsenes Gegenüber mit Pfoteheben beschwichtigt. Und durch unsere begeisterte Reaktion lernt er dann später, dass ihm das „Pfötchengeben" Lob und vielleicht sogar ein Leckerli einbringt. So einfach ist Lernen am Erfolg. Und – bemerkt oder unbemerkt – so läuft es ständig ab.

Partnersuche einmal anders

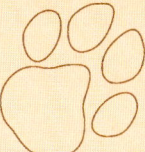

Haben wir uns dazu entschlossen, einen Hund in unser Leben aufzunehmen, dann beschäftigen uns natürlich viele Fragen: „Wie stelle ich es an, dass mein zukünftiger Hund zu mir und meinem Leben passt? Wie finde ich den Hund für mich?" Denn immerhin sollen ja beide Seiten in dieser Partnerschaft glücklich werden, Mensch und Hund. Je nach Größe wird der Hund zehn, zwölf oder 15 Jahre oder noch älter. Für eine so lange Lebensgemeinschaft muss es dann schon stimmen!

Gemeinsam mit allen Familienmitgliedern gilt es zu klären: Was erwarten wir von unserem zukünftigen Hund?

- Soll er ein Familienhund sein und mit den Kindern spielen?
- Möchten wir mit ihm Sport treiben?
- Soll er auf das Haus aufpassen? Soll es ein Jäger sein?
- Möchten wir mit ihm Ausbildungen machen, und wenn ja, welche?

Nach den Kriterien, die Sie hier zusammentragen, suchen Sie sich in einem Rassebuch

Windhund, Podengo, Galgo – Rennen ist ihre Bestimmung und sie eignen sich nicht für reine Stadthaltung.

Hündisch für Nichthunde

Ein Jack Russell Terrier ist zwar klein und handlich, aber kein Schoßhund, sondern ein mutiger, temperamentvoller Draufgänger.

die Rassen heraus, die *aufgrund ihres eigentlichen Zuchtzwecks* für Sie infrage kommen. Ja, Sie haben ganz richtig gelesen: Es ist sehr wichtig, zu beachten, wofür die Rasse *ursprünglich* gezüchtet wurde, denn das Potenzial der Urururahnen schlummert noch immer in unserem zukünftigen Welpen! Bei der Anschaffung eines guten Rassebuchs darf bitte nicht gespart werden, und es sollte nicht die einzige Informationsquelle sein, die man zurate zieht. Am besten sucht man das Gespräch mit anderen Hundehaltern dieser Rasse, mit dem Tierarzt oder einem Verhaltenstherapeuten.

Erst wenn Sie eine Auswahl der Rassen haben, die in Ihr Leben passen würden, können Sie sich den Luxus leisten, auf Aussehen, Fellfarbe oder -länge und „Schönheit" zu achten! Wie viele Leute gibt es, die einen Jack Russell Terrier haben und täglich wegen seines Temperaments, seines Kampfgeistes und seiner Ausdauer ins Schwitzen geraten? Fragen Sie mal so einen Hundebesitzer, ob er seinen Hund ausgesucht hat, weil dieser klein, handlich und kurzhaarig-pflegeleicht ist, oder ob er ihn wegen seiner Wesensanlagen, nämlich ein unerschrockener, mutiger kleiner Jäger zu sein, angeschafft hat! Selbst wenn er sich der Trieblage seines Hundes bewusst war – hat er auch bedacht, dass ein Jack Russell zur Fuchsjagd gezüchtet wurde? Füchse sind Hundeartige. Beschwichtigt ein

Partnersuche einmal anders

Fuchs, wenn er von einem Jack Russell gestellt wird, dann spricht er also die gleiche Körpersprache. Aber der ausgebildete Jagdhund darf nicht sagen: „Na gut, ich lass dich laufen, weil du dich so lieb unterwirfst." Er muss die ganzen entschärfenden Signale missachten und den Fuchs dennoch aus dem Bau treiben. Wie sieht es demnach (im Allgemeinen! Es gibt löbliche Ausnahmen!) mit der sozialen Verträglichkeit dieser Rasse aus?

Oder denken Sie eher an einen Hund aus dem Tierheim oder aus zweiter Hand? Diese Idee ehrt Sie! Aber vergessen Sie dabei bitte nicht: Hunde aus dem Tierheim haben eine Vorgeschichte, die häufig gar nicht oder nur teilweise bekannt ist. Auch ein Tierheimhund braucht Zeit, um Ihr Leben, Ihre Gewohnheiten, Ihre Eigenarten kennenzulernen. Am besten gehen Sie davon aus, dass er am Anfang genauso viel Zeit und Geduld von Ihnen beansprucht wie ein Welpe. Mit dieser Einstellung ersparen Sie sich Enttäuschungen und dem Hund womöglich eine weitere Erfahrung, nach kürzester Zeit wieder im Tierheim zu landen. Wenn Ihr kleiner Secondhandpartner ein Mischling ist, versuchen Sie mit dem Tierheimpersonal oder einem Tierarzt herauszufinden, welche Rassen beteiligt sein mögen. Hat Ihr zukünftiger süßer Fratz eine schlanke Silhouette, einen feinen, langgliedrigen Körperbau und kurzes Fell, und ist womöglich bekannt, dass er aus einem südlichen Land stammt, dann seien Sie sich bewusst, dass da höchstwahrscheinlich ein guter Windhund- oder Podengo-Anteil in ihm schlummert und Rennen und Jagen seine Passion sein werden. In diesem Fall wäre das sicher kein geeigneter Partner für eine ältere Dame mit einer Stadtwohnung. Auf welchen „Nugget" Ihre Wahl im Tierheim auch fallen mag: Nutzen Sie bitte das Angebot, das alle seriösen Tierheime machen, und gehen Sie mit dem Auserwählten ein paar Mal spazieren, bevor Sie sich definitiv entscheiden. Sie lernen sich ein wenig kennen und können so viel besser beurteilen, ob sie wirklich den Rest eines Hundelebens miteinander verbringen wollen.

Die Aufgabe eines Pyrenäenberghundes ist das Wachen und Melden bei Dämmerung. Dafür ist er gezüchtet und wird es auch in einer Reihenhaussiedlung tun.

Hündisch für Nichthunde

Hat ein Bekannter oder Ihr Nachbar gerade einen Wurf Welpen und fragt, ob Sie einen möchten, weil er weiß, dass Sie sich mit dem Gedanken tragen, einen Hund anzuschaffen? Oder haben Sie am Sonntagnachmittag einen Familienausflug gemacht und sind bei einem Bauernhof vorbeigekommen, wo es gerade ach so süße Welpen gab? Auch hier sollten Sie die goldene Regel nicht außer Acht lassen: Welche Rassen stecken in den kleinen Welpen? Sind die herzigen weiß-schwarzen Bauernhofwelpen eine Mischung aus Appenzeller und Border Collie? Dann ist das also eine Mischung aus bellfreudigem und energiegeladenem Hütehund. Seien Sie bitte nicht erstaunt, wenn Ihr kleiner Racker später bellend die Kinder auf dem Spielplatz zusammentreibt und dabei vielleicht auch ein wenig in die Ferse zwickt.

Stellen Sie sich doch nur einen Pyrenäenberghund vor! Gezüchtet wurde er einst als sogenannter Herdenschutzhund, das heißt, um sich unter Schafherden zu mischen und die Schafe als sein Rudel zu betrachten. Auf diese Art soll er Angriffe von Raubtieren auf die Schafe abwehren. Sein Biorhythmus ist so beschaffen, dass er vor allen Dingen nachts auf einer etwas erhöhten Stelle liegen möchte und dann beim kleinsten Geräusch bellt. Fantastisch für den Schutz von Schafen, aber wie sieht es aus in einer Familiensiedlung mit Reihenhäuschen? Ich befürchte, dass sich die Nachbarschaft auf Dauer nicht damit besänftigen lässt, dass der kleine Racker ja sooo ein süßes Wollknäuel ist.

Nach diesen Zeilen ist wohl jedem Goldschürfer klar geworden, warum Tiere, die einmal ein Geschenk darstellten, so oft im Tierheim landen. Wen kennt man schon so gut, um sicherstellen zu können, dass ein bestimmter Hund zu dessen Leben passt? Das ist eine ganz persönliche, intime Auswahl, die da getroffen werden muss. Und zwar von jedem zukünftigen Hundehalter selbst.

Wäre ich Mäuschen bei Ihrer Familienkonferenz zum Thema: „Wir kaufen einen Hund", dann würde ich schnell aus meinem Versteck hervorkommen, mich keck auf den Tisch setzen und piepsen: „Stopp! Haben Sie auch an alles gedacht? Haben Sie weitere Haustiere und diese in die Überlegungen mit eingebunden? Haben Sie noch eine Katze oder Zwerghasen und wollten Sie sich

Dieser süße Mastiff-Rottweiler-Mischling vereint anspruchsvolle Rassen in sich – er braucht geistige sowie körperliche Auslastung.
(Foto: Tierfotoagentur.de/R. Richter)

Partnersuche einmal anders

Das Zusammenleben von Hund und Katze klappt, sofern sie sich frühzeitig als Sozialpartner kennengelernt haben.

gerade für einen Jagdhund entscheiden?" Das geht schon! Aber dann ist es ganz wichtig, dass Ihr zukünftiger Hund mit Katzen (oder Hasen) aufgewachsen ist und bereits auf wackeligen Welpenbeinen gelernt hat, dass diese Mitbewohner keine Jagdopfer darstellen. Wenn ich meine Kundenkartei durchschaue, könnte ich eine traurige Bilanz ziehen von Katzen, die sich nicht mehr nach Hause trauen, seit da der Hund ist. Natürlich kann man Hunde auch nachträglich an Katzen und andere Tiere gewöhnen. Aber je nach jagdlicher Trieblage ist das ein sehr aufwendiges, anstrengendes Unterfangen, und so mancher Hundehalter gibt früher oder später auf. Das Ziel ist, sich Freude ins Haus zu holen – und nicht Probleme.

Haben Sie sich auch für ein Geschlecht entschieden? Bitte bedenken Sie, dass Rüden eher zu innergeschlechtlichen Rangeleien neigen und dass Hündinnen während ihrer Läufigkeit oft von allen mittelbaren und unmittelbaren Nachbarsrüden umschwärmt werden. Ich langweile Sie ungern mit trockener Statistik, aber wir wissen aus Studien, dass Hündinnen gelehriger und schneller stubenrein sind sowie ein größeres Bedürfnis nach Zuwendung und Aufmerksamkeit haben, also verschmuster sind. Bei Rüden ist die Spielbereitschaft ausgeprägter, aber eben auch die Revierverteidigung und die Aggression gegen gleichgeschlechtliche Artgenossen. Natürlich ist es „nur" eine Statistik und keine grundsätzlich zutreffende Aussage.

Guter Züchter, schlechter Züchter?

Sie haben sich für einen Hund aus der Zucht und eine bestimmte Rasse entschieden? Wie weiter? Wie erkennt man einen seriösen Züchter?

Eigentlich ganz einfach! Züchter, die mehr als zwei Rassen gleichzeitig züchten, sollten einem bereits im Vorfeld suspekt sein. Eine „Hunde-Bestellung" per Internet sollte sich jeder wahre Tierfreund von vornherein aus dem Kopf schlagen. Möchte man den tierquälerischen „Hundevermehrern" keinen Vorschub leisten, kommt man um einen persönlichen Besuch beim Züchter nicht umhin. Schauen Sie sich dort alles genau an. Wenn der Züchter Ihnen das Muttertier und die Wurfgeschwister zeigen kann, ist das schon ein positives Zeichen. Schauen Sie die Mutter gut an: Ist sie menschenscheu, sozial mit anderen Hunden, schreckhaft, giftig oder lieb und zutraulich? Können Sie etwas über den Vater in Erfahrung bringen oder ist er sogar dort? Was für einen Eindruck macht er auf Sie? Ist die Mutter beziehungsweise sind die Eltern der Welpen so, wie Sie sich Ihren zukünftigen Hund wünschen? Dann sieht es schon ganz prima aus! Oder gehören sie zu der Art Hunde, die Sie auf gar keinen Fall haben möchten? Dann vergessen Sie nicht, dass in den Welpen das elterliche Potenzial schlummert.

Bei seriösen Züchtern können Sie das Muttertier und die Wurfgeschwister kennenlernen. (Foto: Tierfotoagentur.de/S. Schwerdtfeger)

Guter Züchter, schlechter Züchter?

Bedenken Sie bitte, wie der Züchter lebt! Hat er ein schönes Häuschen auf dem Land (oder ist es gar ein Bauernhof?), Sie hingegen leben in der Stadt? Dann fragen Sie beim Züchter genau nach, was seinerseits zwecks guter Prägung der Welpen alles unternommen wird. Wir wissen heutzutage, wie wichtig die ersten Lebenswochen sind. Lernt ein Hund in dieser Zeit nicht ausreichend seine Umwelt, Menschen jeden Alters und Artgenossen jeder Größe kennen, wird er im späteren Leben nahezu irreversible (das heißt also praktisch nicht korrigierbare) Lücken aufweisen, die sich dann als „Verhaltensauffälligkeiten" bemerkbar machen können.

Ist Ihr Welpe bei der Übernahme zwölf Wochen alt und hat – um bei unserem Beispiel zu bleiben – nie gelernt, mit regem Stadtverkehr und Lärm zu leben, wird man – kaum zu Hause angekommen – ein zitterndes Häufchen Elend im Arm halten. Und das nicht nur für den ersten Moment oder die ersten paar Tage! Da haben Sie beim Züchter einen kleinen, lebhaften Wildfang kennengelernt und nun drückt er sich nur noch bibbernd an Sie, statt in gesunder Welpenmanier neugierig und aufgeschlossen seine neue Umgebung zu erkunden. Stellen Sie sich den unsagbaren Stress für das Tier und Ihre eigene Enttäuschung vor! Hier ist ein weitsichtiger Züchter, der Sie genauestens über die Rasse und die bisherige Aufzucht informiert, Gold wert. Geben Sie die Eigenverantwortung bitte nicht ab und hinterfragen Sie kritisch!

Dann gibt es noch das Problem mit der Inzucht. Lassen Sie sich vom Züchter bitte die Zuchtpapiere zeigen und erklären. Fällt Ihnen auf, dass sich alle Hundenamen über Generationen hinweg ständig wiederholen, aber der Züchter versichert Ihnen eine von Hüft- und Ellenbogengelenkdysplasie (HD und ED) freie Zucht? Vorsicht, lieber Goldschürfer: Heutzutage weiß man aus Genetikforschungen, dass lediglich die *Zuchtwertschätzung* eine verlässliche Aussage liefert. Dies bedeutet, dass *die Welpen*, also alle Nachkommen, getestet werden, und erst dann hat man einen wirklich aussagekräftigen Rückschluss auf den Zuchtwert der Eltern, *nicht umgekehrt*! Ob dann ein Züchter, wenn Sie an einem von ihm stammenden Welpen im Alter von 18 Monaten HD festgestellt haben, bereit ist, seine „Lieblingshündin" aus der Zucht zu nehmen, ist immer noch eine andere Frage.

Ein vernünftiger Zuchtweg ist die sogenannte Linienzucht. Sie beinhaltet leichte Inzucht, denn es werden Tiere, die entfernt verwandt sind, miteinander verpaart. Im Zweifelsfall bitten Sie den Züchter um eine Kopie der Papiere und beraten sich mit Ihrem Tierarzt. Das klingt vielleicht alles schrecklich rational, aber es erspart große Enttäuschungen und Leid.

Beachte:

Auch beim Hundekauf liegt es beim Käufer, den Markt zu bestimmen. Je mehr Menschen wissen, worauf zu achten ist, desto schneller wird unseriösen Züchtern und skrupellosen Hundehändlern der Garaus gemacht. Ein jeder von uns kann dazu etwas beitragen.

Hänschen klein, zieht allein, in die weite Welt hinein

So, Sie haben es also geschafft und Ihren Kleinen erfolgreich nach Hause geholt. Er ist vielleicht acht, vielleicht zwölf Wochen alt. Er hat mit seinem Umzug in sein neues Heim alles zurücklassen müssen, was für ihn bis zum heutigen Tag Bezug und Halt war: Mutter, Wurfgeschwister und die Menschen, die ihn bis dato betreuten. All das müssen Sie ihm nun ersetzen, und Sie sind sich bewusst, dass Ihnen viel, viel Freude, aber auch ein ganz schöner Zeitaufwand, manchmal auch eine Geduldsprobe bevorsteht.

Da dieses Buch für jedermann und jederhund sein soll, will ich mich nicht zu lange mit der Welpenerziehung beschäftigen. Ich bitte aber jeden, der sich einen Welpen ins Haus holt, inständig, eine gute Welpenspielstunde aufzusuchen. Jeder Tierarzt kann

Beim Welpenspiel geht es darum, sich selbst und den anderen besser kennenzulernen.

Hänschen klein, zieht allein, in die weite Welt hinein

Das richtige Verhalten in unserer reizüberfluteten Umwelt muss geduldig geübt und erlernt werden.

entsprechende Adressen vermitteln, und was Ihrem Welpen und Ihnen selbst dort zuteil wird, ist im späteren Leben von unschätzbarem Wert. Sie ersetzen dem Kleinen die fehlenden Wurfgeschwister, indem er mit Gleichaltrigen herumtollen und den Sozialkontakt üben kann. Die dortigen Betreuer können Ihnen mit Rat und Tat zur Seite stehen und Antworten auf all die vielen kleinen alltäglichen Fragen geben.

Eine gute Welpenspielstunde zeichnet sich dadurch aus, dass die Teilnehmeranzahl beschränkt ist und verschiedene Gruppen geführt werden. Meines Erachtens sollten es nicht mehr als vier Welpen pro Hundeinstruktor sein. Die Einteilung der Gruppen sollte nach dem Entwicklungsstand und nicht nur rein nach der Größe oder dem Alter erfolgen. Es gibt Hunde, die mit 14 Lebenswochen noch das Verhalten eines zehnwöchigen Hundes zeigen und einfach ein wenig länger brauchen als andere. Die Welpenspielstunde sollte nach den neuesten ethologischen Kenntnissen geführt werden. Damit meine ich zum Beispiel, dass die Instruktoren fähig sind abzuschätzen, ob es sich noch um Spiel handelt oder ob einer der Welpen derart bedrängt wird, dass der einzige Lernerfolg der ist, dass andere Hunde ihm wehtun.

Tipp:

Fahren Sie lieber eine Autostunde und gehen nur einmal die Woche zu einer guten Welpenspielstunde als zwei- bis dreimal pro Woche ganz in der Nähe in eine Gruppe, in der man sich der Verantwortung gegenüber den Welpen nicht bewusst ist.

Ab der 16. Lebenswoche wechselt man in der Regel von der Welpenspielstunde zu einer Junghundgruppe.

Hündisch für Nichthunde

Leider kann ich Ihnen kein Patentrezept geben, wie man eine gute Gruppe findet. Ich kann nur empfehlen, zuerst einmal *ohne Hund* hinzugehen, zuzuschauen und mit den Instruktoren zu reden, um sich ein Bild zu machen.

In Ihrem täglichen Leben sollten Sie mit dem Welpen bis zu seiner zwölften Lebenswoche (manche Fachleute sagen auch bis zur 14. Woche) all das unternehmen, was Sie in den nächsten zwölf bis 14 Jahren mit ihm unternehmen möchten: Also Auto und Straßenbahn fahren, Menschen jeden Alters und jeden Geschlechts kennenlernen, auch Menschen mit körperlichen Behinderungen oder mit dunkler Hautfarbe, durch belebte Straßen oder dunkle Wälder laufen, Hunde jeder Größe, jeder Rasse und jeden Alters kennenlernen, andere Tiere, Tierarztbesuche, Jogger, Skater, Modellflugzeuge, Treppen, glatte Böden, Fußbälle, Gewitter, Staubsauger – einfach alles, was einem im Alltag begegnen kann.

Beachte:

Das Programm zur Sozialisierung liegt an Ihnen und an Ihrer Art zu leben, und es ist von großem Vorteil, wenn Sie sich eine „Sozialisierungs-Liste" erstellen, damit Sie nichts vergessen.

Wichtig ist dabei, dass Ihr kleiner „Nugget" alles Neue *positiv* erfährt und es ihm keine Angst oder Unbehagen bereitet. Beobachten Sie ihn gut. Wenn Sie feststellen, dass er mit einer Situation überfordert ist, dann brechen Sie sofort ab. Morgen ist auch noch ein Tag!

Bei Begegnungen mit erwachsenen Hunden wünschte ich mir, dass Sie an meine Worte denken, die da lauten: *Es gibt keinen Welpenschutz!* Wenigstens nicht so, wie man sich das hinlänglich vorstellt. Im biologischen Sinne ist Welpenschutz nur innerhalb der Verwandtschaft sinnvoll. Denn selbst wenn ich als Hund der Onkel eines Welpen bin, so trägt er doch immer noch einen Teil meiner Gene in sich. Wir haben ja bereits am Anfang besprochen, dass das Wichtigste überhaupt ist, die eigenen Gene weiterzugeben. Die Hunde aber, die man auf Spaziergängen trifft, sind in aller Regel nicht mit Ihrem Welpen verwandt. Und so besteht für sie – rein biologisch gesehen – keinerlei Grund, Rücksicht zu nehmen.

Zum Glück funktionieren da meistens noch andere biologische Mechanismen, die einen erwachsenen Hund normalerweise davon abhalten, einem Welpen Schaden zuzufügen, wie zum Beispiel das Kindchenschema: Runde Augen, runde Kopfform und allgemein welpenhaftes Aussehen lösen sowohl bei uns Menschen als auch bei erwachsenen Hunden eine gewisse beschützerische, „mütterliche" – zumindest eine schonende – Reaktion aus. Aber darauf verlassen sollten Sie sich nicht.

Sie führen Ihren kleinen „Nugget" in die Welt hinaus, und es liegt in Ihrer Verantwortung, was ihm da draußen widerfährt und welchen „Schliff" er bekommt.

Die wilden Halbstarken

Aus Ihrem süßen Welpen wird ein schlaksiger, aufmüpfiger Junghund, der Sie manches Mal provoziert und herausfordert. Höchste Zeit, mit der Erziehung zu beginnen! Wenn unser Hund ins „Rüpelalter" kommt (meist beginnend zwischen dem vierten und sechsten Monat um den Zahnwechsel herum), zerrt das ganz schön an unseren Nerven, und wir hätten nicht schlecht Lust, den frechen Fratz zurück zum Züchter zu bringen. (Wenigstens behaupten wir das!) Aber wir sind Goldschürfer, stets auf der Suche nach biologischen Hintergründen.

Es ist doch eine fantastische Einrichtung der Natur. Auf seine „unerzogene", provokante Art macht der Hund es uns leicht, Regeln aufzustellen, Grenzen zu setzen. Im Wolfsrudel läuft es nicht anders ab. Die grenzenlose Narrenfreiheit der Welpen geht zu Ende. Es wird Zeit, sich in das Sozialgefüge einzugliedern. Es ist mir so wichtig, dass ich es an dieser Stelle noch einmal betonen möchte: Es geht unserem Bello, Fifi oder unserer Susi nicht darum, die Rudelführung zu übernehmen! Sie wollen wissen: „Gibt's hier einen Rudelführer? Wie sehr ist auf ihn Verlass? Wie durchsetzungsfähig ist er? Und vor allem: Wo ist in dem Ganzen meine Stellung?" Er wird uns provozieren, bis er sich – sinnbildlich gesprochen – erleichtert zurücklehnen kann: „Ja, da ist ein Mensch, der weiß genau, was er will. Ich bin in

Provozieren gehört zur Pubertät und dient dazu, die eigenen Grenzen zu erfahren. Sowohl unter Artgenossen ...

... als auch gegenüber dem Menschen. Zeigen Sie Ihrem Hund, dass Sie ein konsequenter, aber liebevoller Rudelführer sind.

den besten Händen. Da kann ich Vertrauen haben! Und ich weiß für mich, wo ich stehe." Nebenbei bemerkt: Wir reden gerade von Unterordnung, diesem schrecklichen Ausdruck!

Meiner Erfahrung nach haben wir Menschen mit dem Erwachsenwerden unserer Hunde viel größere Probleme, als auf den ersten Blick ersichtlich ist. Wir haben unseren Hund im Alter von ungefähr acht bis zehn Wochen bekommen. Er war ein kleiner, beschützenswerter Welpe. Jetzt wird aus dem tapsigen kleinen Kerl ein richtiger Hund. Häufig ist das Umdenken für uns sehr schwer, zumal die Entwicklung ja auch viel schneller verläuft als beim Menschen. Wenn Sie auf Spaziergängen Hundehalter treffen, deren Hunde schlecht oder gar nicht folgen und die Ihnen dann sagen: „Er ist ja auch erst eineinhalb Jahre alt", dann wissen Sie, dass Sie jemanden vor sich haben, dem die Entwicklung seines Hundes entgangen ist.

Ein Beispiel? Als Ihr Hund zehn, zwölf, 14 Wochen alt war, lief er Ihnen auch ohne Leine auf Schritt und Tritt hinterher. Aber plötzlich kommt der Zeitpunkt, an dem der Kleine andere Wege geht. Man biegt links ab und er sticht zielsicher in die andere Richtung in den Wald hinein. Statt sich über ihn zu ärgern, freuen Sie sich lieber! Jetzt haben Sie die Chance, ihn davon zu überzeugen, dass es bei Ihnen und um Sie herum spannender, erlebnisreicher und sicherer ist, als allein in die Welt hinauszuziehen. Nun können Sie so richtig aktiv werden! Fangen Sie an, leichte Übungen mit ihm zu machen, die am Ende immer von einem Erfolgserlebnis gekrönt werden sollten. Das kann in Form von Lob, Spiel mit dem Lieblingsspielzeug oder einem Leckerli erfolgen. Turnen Sie mit ihm zusammen über Baumstümpfe, machen Sie Renn- und Versteckspiele. Lassen Sie Ihrer Fantasie freien Lauf. Und dann werden Sie eines der großen Geheimnisse entdecken, das nur ein wahrer Hundefreund kennt:

> *Ihr Hund ist nicht Ihr Kind und auch kein Ersatz dafür! Aber: Durch Ihren Hund haben Sie die Möglichkeit, noch mal ein Kind zu sein!*

Schrecklich Ding: Unterordnung

Allein das Wort bereitet einem demokratisch gesinnten Menschen bereits Unbehagen. Bedeutet es denn nicht, dass ich meinen Hund, soll er gut erzogen sein, unterwerfen muss, mir zum Untertan machen muss? Ihn unterdrücken? Ihm jeglichen eigenen Willen nehmen? Die untergeordneten Hunde – sind das nicht jene, die man halb bewundernd, halb mitleidig beobachtet, wie sie am Knie ihres Herrn kleben, ihre Augen nicht von ihm abwenden, stets bereit, Befehle zu empfangen und selbstverständlich auszuführen? Sind das nicht willenlose Geschöpfe, die vermutlich in diesen Gehorsam hineingeprügelt und hineingeschrien worden sind und in endlosen Übungsstunden auf dem Dressurplatz abgerichtet wurden?

Ist es das, woran Sie denken, wenn Sie das Wort Unterordnung hören? So verwundert es nicht, dass Sie als Familienhund-Halter auf Abstand gehen, wenn man von Ihnen verlangt, Sie sollen mit Ihrem Hund „mehr Unterordnung üben".

Dabei ist es ein Problem unserer Sprache. Denn was ich mit Unterordnung meine, hat nichts mit alledem zu tun, was zuvor beschrieben wurde. Es hat etwas mit artgerechter Tierhaltung zu tun! Unterordnung bedeutet, dass der Hund von uns Menschen

Ein eingespieltes Team kann man nur werden, wenn beide einander verstehen.

so behandelt wird, dass es ihm möglich ist zu verstehen, was wir von ihm fordern! Es bedeutet auch, dass wir dem Hund die Sozialstruktur bieten, die er für ein ausgeglichenes Seelenleben braucht. Es bedeutet, dass wir unserem Hund ein guter Rudelführer sind und dass er weiß, wo sein Platz, seine Stellung in unserem Zusammenleben ist. Also sind wir wieder bei der Hierarchie. Wenn wir einmal nachforschen, was dieses Wort im eigentlichen Sinne bedeutet, verliert es seinen Schrecken. Im *Duden – Das große Fremdwörterbuch* heißt es dazu:

Hierarchie (griechisch: hierarchia = „Amt des obersten Priesters"):
1. [pyramidenförmige] Rangordnung, Rangfolge, Über- und Unterordnungsverhältnisse.
2. Gesamtheit derer, die in der (kirchlichen) Rangordnung stehen.

Anders ausgedrückt: Alle verfolgen das gleiche Ziel und zu diesem Zweck hat jeder seine Rangstellung. Klingt es nun nicht mehr ganz so drastisch? Da gibt es noch etwas ganz Wichtiges zu bedenken: Kein Hund, kein Wolf könnte sich selbst zum Rudelführer, zum „Alpha" ernennen, wenn der Rest des Rudels ihn in seiner Stellung nicht ständig bestätigen würde.

Es ist an uns Menschen, unseren Hund davon zu überzeugen, dass wir es verdient haben, „Alpha" für ihn zu sein! Und zwar mit seinen Argumenten!

Großer Lehrer Wolf

Wer sonst als der Stammvater all unserer Hunde könnte uns besser lehren, welche Qualitäten ein guter Rudelführer besitzen muss. Auffallend ist beim Wolf, dass „Alpha" nicht zwangsläufig das größte, schönste oder kräftigste Tier ist. Wichtig ist, dass er am meisten *Erfahrung* hat. Nur so ist gewährleistet, dass er ein Rudel erfolgreich führen und somit dessen Weiterbestand sichern kann. Erfahrung ist eine Frage der Zeit. Demzufolge ist „Alpha" sicher kein junges Greenhorn, sondern ein Wolf in den besten Jahren.

Weitverbreitet kursieren in unserer menschlichen Vorstellung zwei Extreme darüber, wie es in einem Wolfsrudel zugeht. Die einen denken, so ein Wolfsrudel wäre eine aggressive Gemeinschaft. Da gäbe es Kampf, Unterdrückung, die reinste Diktatur. Einer nennt sich „Alpha", und alle anderen werden geknebelt und gegeißelt und müssen spuren. Die anderen denken, ein Wolfsrudel wäre eine antiautoritär geführte Ansammlung von Wölfen und alles Tun wäre geprägt von Freundlichkeit, Liebe und Zuneigung zueinander. Alle Wölfe wären nur beieinander, weil sie sich so schrecklich lieb haben. Ich kann Ihnen versichern: Beides ist Quatsch!

Kaufen wir uns Literatur über Wölfe, so handelt es sich größtenteils um Gehege- oder Freiland-Beobachtungsberichte, und bald klaffen die Meinungen auseinander. Einmal ist das Rudel 14 Wölfe stark, in einem anderen Fall sind es nur fünf Mitglieder. Im einen Bericht jagt der Wolf Hasen und in einem anderen stellt er ganze Moschusochsen! Einige Autoren schreiben, dass der Ranghöchste als Erster frisst, und im anderen Buch steht, dass zuerst die Welpen fressen dürfen. Im einen Werk heißt es, dass nur die Alpha-Wölfin Junge bekommt, in einem anderen wird beschrieben, wie mehrere Weibchen ihre Jungen zusammen aufziehen. Was stimmt eigentlich?

„Alpha" ist klug und erfahren.
(Foto: Tierfotoagentur.de/P. Weimann)

Böser Wolf – guter Wolf

Die Stimmung in einem Wolfsrudel beinhaltet alle Nuancen eines Zusammenlebens, von freundlich bis hin zu aggressiv. Der Wolf hat bis zum heutigen Tage überlebt, und zwar aufgrund seiner hohen Anpassungsfähigkeit. Und diese zeichnet ihn auch in seinem innerartlichen Verhalten aus. Das pauschalisierte Wolfsverhalten gibt es nicht. Immer ist es eine Anpassung an die jeweiligen Umstände. Ausschlaggebend sind verschiedene Faktoren.

Die Geschlechterverteilung

Wie groß ist die Fortpflanzungskonkurrenz? Wie viele zeugungsfähige Weibchen/Männchen gibt es und welche Position haben sie innerhalb des Rudels?

Übrigens gibt es bei Hund und Wolf zwei verschiedene, geschlechtlich voneinander getrennte Rangordnungen. Bei den Weibchen gibt es eine Alpha-Wölfin, und alle

In einem Wolfsrudel übernimmt jedes Tier eine bestimmte Aufgabe. (Foto: Tierfotoagentur.de/Fotofeeling)

anderen Weibchen stehen unter ihr, ohne dass sie untereinander weitere Rangpositionen bestimmen. Bei den Rüden hingegen wird von „Alpha" bis „Omega" ausgefochten, wer welchen Platz in der Rangordnung einnimmt.

Bei unseren Hunden ist das auch so. Nur dass unsere Rüden eigentlich unter „Dauerdruck" stehen, weil es ständig und überall läufige Weibchen gibt. (Eine Anmerkung zum Haushund: Die Kastration mag die Situation grundsätzlich „hormonell" entschärfen. Wir vermeiden mit der Kastration ungewollte Vermehrung, aber kein Verhaltens-Repertoire! Ein kastrierter Rüde kann und weiß nach wie vor alles, vom „Flirten" bis hin zum Deckakt! Da er dann aber keine Ejakulation hat, bleibt er länger am Weibchen hängen, und das wiederum kann die schlimmsten Beißereien verursachen. Auch werden kastrierte Rüden von unkastrierten Rüden öfter bedrängt und beritten.)

Die Jahreszeit

Während der Paarungszeit, also im Winter, herrscht eine relativ angespannte Stimmung im Rudel. Im Gegensatz dazu überwiegt mit der Geburt der Welpen im Frühjahr und den ganzen Sommer hindurch während deren Aufzucht ein freundlich-ausgeglichenes Klima im Rudel. Es geht immerhin darum, einen Wurf Welpen gemeinsam großzuziehen, der den Fortbestand des Rudels sichern soll!

Bei unseren Hunden fällt dieser Aspekt nicht mehr ins Gewicht, denn dadurch, dass wir Hunde züchten (zwei Läufigkeiten pro Jahr), gibt es das ganze Jahr hindurch läufige Weibchen und manchmal übernehmen sogar wir Menschen die Aufzucht. Sie geschieht nicht innerhalb eines Hundeverbands.

Der Ernährungszustand

Ein biologisches Gesetz besagt: Mit dem Anstieg der Qualität oder der Quantität der Nahrung investiert das Tier umso mehr Energie in deren Verteidigung.

Das heißt im Klartext: Muss der Wolf tagelange Strecken zurücklegen, um dann schlussendlich ein ausgemergeltes Stück Wild zu erlegen, bleibt ihm wenig Energie, um dies auch noch großartig gegen Rudelmitglieder zu verteidigen. Wenn man aber Wölfe in Gegehehaltung beobachtet, die regelmäßig Futter bekommen, stellt man fest, dass die Futteraggression ansteigt. Klar, der in Gefangenschaft lebende Wolf braucht keine Energie zum Jagen, also kann er sie für die Verteidigung der Nahrung „verschwenden".

Das erleben wir auch häufig bei unseren Haushunden. Da sie sich nicht um den Futtererwerb kümmern müssen, haben sie mehr Energie für andere Dinge übrig. Im Übrigen auch zum Spielen! Auch Wölfe spielen gern, allerdings nur, wenn ihr Energiehaushalt es zulässt, auf diese Art und Weise „Power" zu verpuffen.

Hündisch für Nichthunde

Haushunde müssen ihr Futter nicht erjagen. Dafür bleibt viel Energie zum Spielen.

Grundsätzlich ist beim Wolf festzustellen, dass unter normalen Versorgungsbedingungen die Sozial-Rangordnung nicht im Einklang mit der Fress-Rangordnung stehen muss.

Die Altersstruktur

Das Rudel kann beispielsweise durch eine Naturkatastrophe wie einen Waldbrand dezimiert werden. Auf diese Weise kann es passieren, dass ein jugendlicher Wolf plötzlich in die Lage kommt, „Alpha" zu werden.

Die Umwelteinflüsse

Für die Rudelgröße ist entscheidend, was an Beutespektrum vorhanden ist und wie viel Energie zur Jagd aufgebracht werden muss.

Ein großes Beutetier wie ein Moschusochse kann täglich große Strecken zurücklegen und kann von nur einem Wolf allein rein kräftemäßig kaum erlegt werden. Es braucht ein größeres Rudel. Ferner fällt ins Gewicht: Wie groß ist das Territorium, das dem Rudel zur Verfügung steht? Wie viele Tiere werden von Autos oder Zügen überfahren oder vom Menschen getötet?

Bei unseren Hunden sind die Umwelteinflüsse vor allem während der sensiblen Phasen von größter Bedeutung.

Der Verwandtschaftsgrad

Das Weitergeben der eigenen oder eng verwandtschaftlichen Gene kann zum einen durch Fortpflanzung erreicht werden, aber auch durch Verwandtenselektion. So bekommt in einem Wolfsrudel in der Regel nur die Alpha-Wölfin Junge. Man beobachtet aber häufig, dass sich andere Wölfinnen, zum Beispiel deren Schwestern oder Töchter aus den Vorjahren, ebenso rührend um diese Welpen kümmern. Indem sie bei der Aufzucht helfen, wird durch das Überleben der Welpen immerhin ein Viertel der eigenen Gene weiterleben. Besser als gar nichts!

Weder die Größe eines Rudels noch die Stimmung, die im Rudel herrscht, wird vom Zufall regiert. Alles wird durch biologische, ökonomische und ökologische Faktoren beeinflusst.

Ebenso sind die Reaktionen unserer Hunde nie willkürlich, sondern haben immer ihre biologische Berechtigung und ihren natürlichen Grund.

Welpen betteln auch bei der „Tante" oder älteren „Schwester" um Futter. (Foto: Tierfotoagentur.de/M. Zindl)

Beachte:

Das Wichtigste, was wir vom Wolf als Vorfahren aller unserer Hunde lernen können, ist: Egal, wie klein oder groß ein Rudel auch sein mag – es ist eine soziale Gemeinschaft, in der miteinander für gleiche Ziele agiert wird. Die Kommunikation, die es dazu bedarf, ist ein klares „Ja" oder ein klares „Nein". Kein „Vielleicht" oder ein „Ausnahmsweise".

Egal, was wir von unserem Hund wollen – es muss klar und deutlich sein und einer für den Hund nachvollziehbaren Regel folgen.

Es gibt nicht nur Aggression und nicht nur Liebe. Alle Emotionen finden ihre Berechtigung und auch ihre Anwendung. Für den Menschen bedeutet das, den gerechten Grat zwischen Konsequenz und Liebe zu beschreiten.

„Alpha" – also das, was wir für unseren Hund sein wollen und sein sollten! – ist eine beeindruckende Gestalt. „Alpha" ist wunderbar souverän und strahlt eine enorme innere Stärke aus. Das können wir auch erreichen, selbst wenn wir 1,50 Meter groß und eigentlich im Grunde kein sehr selbstsicherer Mensch sind! Denn Wissen bringt Sicherheit. Je mehr wir uns mit dem Wesen unserer Hunde im Allgemeinen und dem unseres eigenen Hundes im Speziellen auseinandersetzen, desto mehr wissen wir über seine voraussichtliche Reaktion und sind fähig, bereits im Vorfeld souverän zu agieren und die Lage unter Kontrolle zu behalten!

Der mit dem Wolf tanzt ...

Die Sprache des Wolfes beziehungsweise des Hundes unterscheidet sich von unserer in einem ganz gravierenden Punkt: Wir reden und reden und reden. Zwar redet der Hund auch mittels Lautgebung, doch da er, im Vergleich zum Wolf, aufgrund menschlicher Zucht viel an optischem Ausdrucksverhalten eingebüßt hat, ist bei ihm die akustische Kommunikation ausgeprägter und bedeutungsvoller geworden. Doch die „Haupt-Kommunikation" findet noch immer über die nonverbale Körpersprache statt. Demzufolge entziffert und wertet der Hund ständig unsere Körpersprache, über deren Aussagen wir uns oft gar nicht bewusst sind. Werfen wir im Folgenden dennoch einen Blick auf die akustischen Signale des Hundes.

Körpersprache: Durch das Beugen über den Hund üben wir unbewusst Druck aus und schaffen bedrohliche Enge.

Akustische Kommunikation

- *Bellen* ist sehr variabel, situations- und gefühlsabhängig. Während Wölfe nur sehr selten bellen, dient es dem Haushund, mittlerweile bewiesenermaßen, als Kommunikationsmittel. Es kann hell, dunkel, ein- oder mehrsilbig klingen und mit Knurren, Heulen oder Jaulen kombiniert werden.
- Bellt sich ein Hund erst einmal so richtig ein und die Laute sind monoton und stets gleichbleibend (oh, Sie wissen schon, dieses nervtötende Kläffen), redet man von *Keifen*.
- Wenn Sie Ihren Hund ermahnt haben, er soll aufhören zu bellen, und er der

Der mit dem Wolf tanzt ...

Gemeinsames Heulen stärkt die soziale Verbundenheit. (Foto: Tierfotoagentur.de/Fotofeeling)

Meinung ist, er muss dennoch das „letzte Wort" haben, dann äußert sich das meistens in einem *Wuffen*. Dabei ist der Fang fast nahezu geschlossen und häufig wird es mit einem kecken Schnaufen verbunden. Träumende Hunde wuffen auch oft und viel.

- *Knurren* ist ein grollender Laut, der im Grundkontext Unmut zum Ausdruck bringt, aber auch der Warnung oder aber der übermütigen Spielaufforderung dient.
- *Winseln* ist die Vorstufe zum Heulen und bedeutet, dass der Hund sich verlassen oder unwohl fühlt. Viele Hunde winseln in Stress- und Konfliktsituationen.
- Wenn wir von *Heulen* reden, denken die meisten von uns an das Bild eines Wolfes, der den Mond anheult. Es ist ein „Gesang", der die soziale Verbundenheit stärkt und dem Zusammenhalt dient. Deshalb ist Heulen unter Hunden auch „ansteckend", und auch von Wölfen kennen wir das sogenannte „Chorheulen". Heulen wird kombiniert mit einer speziellen Körperhaltung und dem Emporstrecken des Kopfes.
- Hunde *schreien*, wenn sie panische Angst haben oder (zumeist akute) Schmerzen empfinden. Es kann sich dabei um ein einmaliges Aufschreien oder um ein lang gezogenes Kreischen handeln.

Hündisch für Nichthunde

Das Lesen unserer Körpersprache

Die Worte, mit denen wir unsere Hunde häufig überfluten, sind zweitrangig. Sagen Sie einmal zu Ihrem Hund in freundlichem, überschwänglichem Tonfall: „Na, du kleines Krümelmonster! Du unmögliches Hundevieh!" Hundi freut sich! Er hat gelernt, wie ein Mensch klingt, wenn er es freundlich meint, und er sieht unserer Gestik und Mimik an, dass wir fröhlich gestimmt sind. Er weiß außerdem aufgrund des Zusammenlebens, dass Menschen andauernd reden. Doch viel entscheidender ist, was wir ihm mit unserer Körpersprache vermitteln.

Wenn Sie mit Ihrem Hund einen Spaziergang machen und er sich unmöglich verhält, obwohl er normalerweise ein Goldstück ist, halten Sie kurz inne und kontrollieren Sie sich selbst! Hatten Sie Ärger und sind innerlich auf hundert? Oder hat Sie der Chef heruntergeputzt und Sie fühlen sich wie ein Wurm? Sind Sie einfach nur gestresst, weil der Tag mal wieder zu wenig Stunden hat? Ihr Hund liest es an Ihrem Körper, Ihrer Schwingung und Ihren Bewegungen ab! Er kann Ihren Ärger, Ihre Traurigkeit oder Abgespanntheit natürlich nicht einordnen. Aber er reagiert auf seine Weise. Es kann sein, dass er wie elektrisiert alles ankläfft, dass er frustriert hinter Ihnen hertrottet, oder er haut schlicht ab und geht eine Runde

Wenn gemeinsame Unternehmungen Pflichtübungen sind, hat weder Mensch noch Hund etwas davon. Beide sind lustlos und unmotiviert.

Obwohl immer wieder Unterordnung gefordert wird, macht es diesem Hund sichtlich Spaß, mit seinem Herrchen etwas zu unternehmen.

Der mit dem Wolf tanzt ...

Ein schlechtes Gewissen kennt ein Hund nicht.

jagen. Ihr Hund sieht und spürt einfach einen Spannungszustand, und da er für ihn nicht erklärbar ist, probiert er, ihn auf seine Weise zu verarbeiten. Wenn wir ein Wolfsrudel beobachten oder einen Film über Wölfe sehen, werden wir allein an der Körperhaltung früher oder später erkennen, wer der Leitwolf ist. „Alpha" ist cool, er bewegt sich stolz-erhaben, aber entspannt. Würde er herumschleichen „wie ein geprügelter Hund", würden manche jugendliche Rudelmitglieder als Anwärter auf seine Position sofort versuchen, seine Schwäche auszunutzen. Würde er wild kläffend herumwirbeln, so wie wir Menschen es manchmal tun, wenn wir hektisch werden, käme das ganze Rudel in Aufruhr.

Sie denken: „Ja darf ich nur wegen meines Hundes noch nicht einmal wütend oder traurig sein?" Klar dürfen Sie! Aber wundern Sie sich nicht, wenn Ihr Hund auf Ihre Stimmung reagiert! Und vor allem: Klagen Sie ihn nicht an: „Jetzt bin ich schon nicht fit und du musst mich heute auch noch so stressen!" Lassen Sie sich lieber von der guten Laune Ihres Hundes anstecken, lassen Sie den Alltag hinter sich zurück, spielen Sie mit Ihrem Hund, toben Sie sich gemeinsam aus ... und da darf es dann auch ruhig mal wild zugehen. Sie werden sehen, wie gut auch Ihnen das tut und wie der Stress des Tages abfällt!

Ein viel diskutiertes Beispiel für menschliche Körpersprache ist folgende Situation:

Ihr Hund hat in Ihrer Abwesenheit wieder einmal alles Mögliche vom Tisch geklaut oder den Inhalt des Müllsacks systematisch über die ganze Wohnung verteilt. Sie kommen nach Hause und sehen gleich, was passiert ist. Was dann folgt, wird sehr häufig mit den Worten beschrieben: „Er weiß genau, dass er das nicht darf, denn er zeigt ein schlechtes Gewissen." Das ist eine rein menschliche Sichtweise. Fakt ist, dass ein Hund durchaus Gefühle hat! Aber nicht ein „Gewissen" im Sinne von moralischen oder materiellen Wertvorstellungen. Der Hund ist „lediglich" ein Beobachtungs- und Verknüpfungskünstler! Er hat aus Erfahrung gelernt: „Wenn Frauchen heimkommt und der Müll am Boden verstreut herumliegt, dann – und nur dann! – ist sie wütend." (Er weiß, dass wir sauer sind, weil der Müll am Boden liegt. Er hat aber nicht kombiniert, dass wir sauer sind, weil er den Müll verteilt hat! Ein gravierender Unterschied!) „Dann schimpft Frauchen, sie hat einen bösen, starren Blick und ein tiefes Grollen in der Stimme. Ich beschwichtige sie dann mit meiner unterwürfigen Körperhaltung (Kopf wegdrehen und Blick abwenden, auf die Seite rollen, vielleicht Schwanz einklemmen)." Wir Menschen werten das als schlechtes Gewissen. Aber der Hund denkt wie ein Hund und nicht wie ein Mensch. Er hat sich als Spezialist im Lesen von Körpersprache schon lange auf uns und unsere Reaktionen eingestellt! Natürlich ist es essenziell wichtig, dass wir die Körpersprache des Hundes verstehen. Doch vergessen wir bei alledem bitte nicht, dass auch wir andauernd Signale mittels Körperhaltung senden.

 Kommunikation findet zwischen Sender und Empfänger statt. Und wir Menschen sind ein Teil der Gleichung!

Was spricht der Hund?

Um unseren Hund besser zu verstehen, müssen wir ihn gut beobachten und lernen, seine Signale zu deuten. Die folgende Aufstellung ist nicht vollständig und kann nicht alle Nuancen der Körpersprache des Hundes umfassen. Sie soll nur eine kleine Hilfe darstellen, die es Ihnen erleichtert, Ihren Blick zu schulen. Bitte geben Sie sich nicht der Versuchung hin, nur den Schwanz oder sonst ein Körperteil zu beobachten. Die *gesamte Körperhaltung im Kontext mit der Situation* ist entscheidend!

Ihr Hund wedelt. Das heißt aber nicht grundsätzlich, dass er sich freut! Sie haben sicher schon beobachtet, dass ein freudiges Wedeln weit und ausladend ist und in einem gelassenen Rhythmus durchgeführt wird. Aber da gibt es noch das hektische kurze Wedeln bei starker Erregung oder Unsicherheit. Zum Beispiel, wenn ein fremder Rüde begrüßt wird und Ihr Hund noch nicht weiß, ob dieser Freund oder Feind ist. Das Schwanzwedeln signalisiert grundsätzlich nur, dass sich der Hund in einem Erregungszustand befindet.

Schwanzwedeln hat viele Bedeutungen und muss richtig gewertet werden. Grundsätzlich ist es ein Zeichen der Erregung – positiv wie auch negativ.

Hündisch für Nichthunde

Das kann positive oder negative Erregung sein. Nur wenn man den ganzen Hund mit all seinen Körpersignalen betrachtet, kann es korrekt gedeutet werden.

Schwieriger ist das natürlich bei Rassen, deren Körpersprache aufgrund ihrer Züchtung nicht klar ersichtlich ist. Bei einem kurzbeinigen Dackel ist es schwieriger zu erkennen, ob er gerade prahlerisch die Beine durchstreckt oder ängstlich hinten einknickt. Bei einem Bobtail oder einem Pudel ist das Spiel der Gesichtsmimik weitaus schwieriger zu erkennen.

Kommunikation findet in körperlicher Entfernung, aber auch in der Nähe statt. Die sogenannte *taktile Kommunikation*, bei der sich Hunde im Sinne einer Signalgebung berühren, findet hauptsächlich zu sozialen Bindungszwecken statt. Da wird einander gepflegt, das Fell beknabbert oder beschnüffelt, die Schnauzen werden aneinandergerieben oder es wird mit der Schnauze gestupst. All das sind Berührungen, die die Zusammengehörigkeit stärken. Zum anderen wird aber auch in kämpferischen Auseinandersetzungen der direkte Körperkontakt eingesetzt. Die Mutterhündin umfasst als Maßregelung zum Beispiel ihre Welpen mit dem Fang. Die rivalisierenden erwachsenen Hunde drängeln und rempeln einander weg oder legen dem Gegner dominierend die Schnauze über den Rücken.

Dominanzverhalten – bei der sogenannten „T-Stellung" können beide Hunde auch stehen. (Foto: Tierfotoagentur.de/ J. Hutfluss)

Was spricht der Hund?

Mitteilungen werden aber schon lange *vor* einem körperlichen Aufeinandertreffen auf Distanz ausgetauscht:

- Der Angeber, der seinem Gegenüber *imponieren* will, ist ein selbstsicherer Hund (siehe Grafik 1). Schon von Weitem demonstriert er seine Stärke durch Markieren mit Urin und ausgeprägtem Scharren. Er umkreist den anderen mit extrem steifem Gang. Die Beine sind dabei durchgestreckt, die Rute wird hoch getragen, ist ebenfalls steif und wedelt unter Umständen leicht hin und her. Der Kopf wird hoch und waagerecht gehalten. *Der Blick vermeidet Augenkontakt* – man nennt dies „ungerichtet". Dabei nimmt der Hund möglicherweise eine Parallelstellung zum anderen ein (Kopf/Kopf und Schwanz/Schwanz) oder positioniert sich in der sogenannten T-Stellung seitlich zum anderen. Es kann auch sein, dass er dem anderen die Schnauze oder eine Pfote auf den Rücken legt oder gar versucht, aufzureiten. Damit zeigt er: „Schau, Kleiner, ich bin der Stärkste und fürchte nichts! Ich schränke deine Bewegungsfreiheit ein, und wenn du hier vorbei willst, musst du dich zuerst mit mir befassen." Wenn kein anderer da ist, Ihr Hund aber wie wild markiert und scharrt und eventuell sogar den markierten Baum inbrünstig anknurrt, dann ärgert er sich maßlos darüber, dass der „Erzfeind" hier war und die Dreistigkeit besessen hat, ebenfalls seine Marke zu hinterlassen!

Obiges Verhalten ist nicht zu verwechseln mit dem *Angriffs- oder Abwehrdrohen*.

Imponiergehabe.

Drohverhalten dieser beider Motivationen zeichnet sich dadurch aus, dass es immer „gerichtet" ist, sprich, es besteht Blickkontakt zum Sozialpartner.

- Beim *Angriffsdrohen (= Aggressionsbereitschaft,* siehe Grafik 2) ist der

Angriffsdrohen.

gesamte Körper nach vorn gerichtet. Der Kopf und Hals bilden mit dem Rücken eine gerade Linie. Der Gegner wird fixiert und die Ohren sind nach vorne gerichtet. Die Vorderzähne werden bei kurzem, rundem Maul gebleckt. Der Schwanz ist steif und befindet sich leicht über der Rückenlinie, häufig mit einem Haken direkt nach dem Schwanzansatz.

- Der Hund, der eine körperliche Auseinandersetzung vermeiden will, zeigt *Abwehrdrohen* (siehe Grafik 3), indem alles rückwärts gerichtet ist. Mit langen, spitzen Mundwinkeln zeigt er das gesamte Gebiss, rasselt sozusagen mit den Säbeln, um den anderen abzuschrecken – aber all das noch immer, um einen Kampf zu vermeiden! Die Ohren sind nach hinten angelegt. Der Schwanz ist zwischen den Hinterbeinen eingekniffen oder zumindest eng am Körper anliegend. Manche Hunde schnellen dabei nach vorne und schnappen nach dem Gegner (Abwehrschnappen). Es ist *die* Situation, aus der heraus am meisten Beißunfälle geschehen. Es sind auch die Hunde, die am schwersten einzuschätzen sind, denn sie schwanken – je nach Situation – zwischen „Flight" und „Fight", zwischen Flucht und Angriff. Je nach Überlagerung können die Hinterbeine steif oder eingeknickt sein.

- Beim unterwürfigen *Demutsverhalten* (salopp Angst genannt, siehe Grafik 4) vermeidet der Hund alles, was sein Gegenüber provozieren könnte. Der Kopf wird abgewandt, Blickkontakt wird geflissentlich vermieden, die Ohren sind hinuntergelegt, die Mundwinkel nach hinten gezogen, wobei aber keine Zähne gezeigt werden. Oftmals leckt sich der Hund über die eigene Schnauze oder hebt beschwichtigend die Pfote.

Abwehrdrohen.

Demutsverhalten.

Was spricht der Hund?

Man unterscheidet im Weiteren zwischen aktiver und passiver Unterwerfung.

- Bei der *passiven Unterwerfung* lässt sich der Hund auf den Rücken rollen und zeigt alle oben genannten Signale
- Bei der *aktiven Unterwerfung* (siehe Grafik 5) nähert sich der Hund in gebückter, klein machender Körperhaltung dem stärkeren Sozialpartner und leckt und stupst ihm die Lefzen. Der Schwanz wedelt schnell, aber weit unten gehalten. Allerdings schaut der Hund dabei den Sozialpartner an.

Manche Hunde „pföteln" auch. Wird dieses Verhalten vom Gegenüber gnädig geduldet, reagieren aktiv unterwürfige Hunde häufig mit hohem Bellen und/oder Bewegungsüberschuss; die Anspannung wird „abgebellt" oder „abgerannt".

Aktive Unterwerfung.

Erziehung und Körpersprache

Auch in der Erziehung können wir unseren Hunden einen großen Dienst erweisen, wenn wir ihre Fähigkeit, mit dem Körper zu sprechen und zu lesen, für unsere Zwecke einsetzen.

Überlegen Sie bereits vor einer Gehorsamsübung, was Sie wie mit Ihrem Hund üben möchten, und planen Sie Ihre Trainingseinheiten genau. So irren Sie nicht ziellos durch die Gegend, immer überlegend, was als Nächstes zu tun ist, sondern können zielstrebig draufloslaufen. Trainieren Sie nicht zu viele Dinge und zu lange auf einmal. Der Ablauf der Übungen sollte so sein, dass ein großes Ziel, wie zum Beispiel „Platz" aus der Bewegung, in viele kleine, realistisch erreichbare Schritte aufgeteilt wird. Zunächst muss Ihr Hund lernen, ein schnelles „Platz" neben Ihnen zu machen, und das wird an einem ruhigen Ort geübt. Funktioniert das, üben Sie diesen Teil an verschiedenen belebten Orten. Erst wenn das schnelle „Platz" überall und immer funktioniert, gehen Sie den nächsten Schritt an und trainieren das schnelle „Platz", während Sie sich langsam vom Hund entfernen und die Distanz vergrößern. Dies üben Sie zu Anfang auch wieder an ruhigen Orten, und erst nach und nach steigern Sie die Ablenkung von außen. Wenn der Hund nur noch herumschnüffelt, von Ihnen wegzerrt, nach spannenderen Dingen Ausschau hält oder grast wie eine Kuh, dann können Sie sicher sein, dass ihn Ihr Training überfordert und er dringend eine Pause braucht. Bringen Sie ihn zu einem winzigen Erfolg – und wenn das nur ein „Sitz" ist – und gönnen Sie ihm eine Pause.

 Beachte:

Ein neues Verhalten muss oft und unter den verschiedensten Bedingungen geübt werden, bis es generalisiert, gespeichert und somit jederzeit abrufbar ist. Aber nur häufige Wiederholungen bewirken einen Automatisierungsprozess (wie unser tägliches Zähneputzen), und das Gelernte geht so in Fleisch und Blut über. Eine Trainingsfrequenz sollte nicht länger als zehn Minuten dauern, und danach sollte der Hund in Ruhe gelassen werden. Das heißt, er darf schnüffeln und herumspazieren. Er darf entspannen.

Jede Übungseinheit beginnt und beendet man vorzugsweise mit einer kleinen Übung, die der Hund bereits gut beherrscht. Das fördert die Motivation!

Erziehung und Körpersprache

Soll der Hund lernen, korrekt an der Leine zu laufen, ohne zu ziehen oder im Zickzack vor Ihren Füßen herumzulaufen, müssen Sie ganz klar die Richtung und das Tempo angeben. Achten Sie auf Ihre Körperhaltung. Wählen Sie sich ein Ziel, zum Beispiel den nächsten Baum, die nächste Weggabelung, um zu vermeiden, dass Sie selbst beginnen, Kurven zu laufen und den Hund damit schlussendlich mehr irritieren als führen. Richten Sie Ihren Blick auf das ausgesuchte Ziel – und bitte nicht auf den Hund! Zum einen ist es nicht möglich, eine Gerade zu laufen, wenn man ständig nach unten schaut. Zum anderen könnte Ihr Hund den Eindruck gewinnen, dass Sie sicher sein möchten, von ihm begleitet (und eventuell sogar beschützt) zu werden.

Unser kluger Wolf macht uns in Sachen Erziehung noch mehr vor: „Alpha" erhebt sich und läuft zielstrebig drauflos. Das Rudel folgt ihm. Wer nicht folgt, muss sehen, wo er bleibt und dass er den Anschluss ans

Wer sich mehr auf seinen Hund konzentriert als auf sein Ziel, signalisiert Unsicherheit. Das Resultat: Der Hund will nichts wie weg.

Hündisch für Nichthunde

Jeder geht seiner Wege – die Leine stellt eine erzwungene Verbindung her.

Hier dient die Leine lediglich als Orientierungshilfe und hängt locker durch. Zusammengehalten werden Mensch und Hund über ihre Bindung.

Rudel nicht verliert. Sie finden das hart? Dann sollten Sie wissen, dass „Alpha" auch derjenige ist, der bei Tiefschneewanderungen vorausläuft und den anderen sozusagen eine Schneise bahnt. Die Letzten sind die Rangniedrigsten – also die Schwächsten –, und sie haben dann bereits eine schöne Spur, in der sie laufen und dem Rudel folgen können.

Aus diesem wölfischen Verhalten heraus erklären sich auch einige goldene Regeln der Hundeerziehung. Beim Freilauf lernt Ihr Hund auf diese Weise ganz selbstverständlich, dass er zusehen muss, Sie nicht zu verlieren. Und nicht umgekehrt! Suchen Sie sich zunächst eine ruhige Wiese (vielleicht finden Sie sogar ein eingezäuntes Gelände). Setzen Sie sich und lassen Sie Ihren Hund herumwuseln, ohne ihn zu beachten. Dann plötzlich stehen Sie auf und laufen zielstrebig davon, ohne zu rufen oder zurückzuschauen. Sobald Ihr Hund Ihnen folgt und sich auf Ihrer Höhe befindet, loben Sie ihn überschwänglich.

Wie? Er ist nicht gekommen? Dann müssen Sie sich interessant machen. Knien Sie sich hin und spielen mit einem Grashalm oder einem Stock. Tun Sie so, als hätten Sie etwas Superinteressantes gefunden. Hüpfen, rennen Sie ein Stück. Alle Hunde sind neugierig, und so wird auch Ihr Hund irgendwann wissen wollen, was Sie da treiben. Wichtig ist: Wenn er dann zu Ihnen gekommen ist, laufen Sie mit ihm weiter und beziehen ihn in Ihr Spiel mit ein. Wenn Sie ihn jetzt nämlich anfassen, streicheln oder sogar anleinen, lernt der Hund nur, dass er das nächste Mal nicht mehr ganz so nah zu Ihnen kommen darf, weil es dann ja aus ist mit der schönen Bewegungsfreiheit.

Erziehung und Körpersprache

 Das ist Lernen am Erfolg: Wenn der Hund kommt, gibt es Lob und Belohnung. Kommt er nicht, wird er nicht beachtet.

Rufen Sie bitte auch nicht ständig Ihrem Hund hinterher. Er gewöhnt sich lediglich daran, dass Sie es offensichtlich brauchen, ewig seinen Namen auszusprechen. Der Name soll stets positiv eingesetzt werden und ist das Signal dafür: „Hui, mein Chef hat eine Idee, was wir zusammen machen könnten, wie toll!" Wenn wir uns in unserem täglichen Ablauf einmal selbst belauschen, dann werden wir vermutlich alle erschrecken, wie oft wir den Namen des Hundes nennen, ohne dass dies eine Aufforderungen an ihn ist. Beispiel? „Oje, Oskar, jetzt hab ich vergessen, die Tante anzurufen." Was soll denn Ihr Hund da tun? Was sagt ihm dieser Satz? Nichts! Der Name fordert Ihren Hund auf: „Schau mich an! Ich rede mit dir und möchte dir einen Befehl geben."

Für das tägliche Geplauder ohne Signalcharakter ist sein Name nicht geeignet. Der Hund stumpft ab. Das würde Ihnen auch nicht anders gehen! Deshalb empfehle ich allen gesprächsfreudigen Goldschürfern, sich für das alltägliche Geplauder einen Kosenamen auszudenken, der keine Aufforderung darstellt und dem kein Befehl folgt, sondern einfach uns Menschen in unseren Bedürfnissen entgegenkommt. Da ist dann der Oskar zum Beispiel der „Nasenbär" oder die „Kuschelmaus".

Gehen Sie durch einen Engpass, sei es eine Treppe, ein Gartentor, ein schmaler Durchgang, eine Eingangstür, achten Sie bitte darauf, dass der Hund ihn nach Ihnen passiert. „Alpha" geht voraus und prüft die Lage! Und da Sie den Bedürfnissen Ihres Hundes gerecht werden möchten, sind Sie

An Engstellen sollte der Mensch immer auf den Vortritt bestehen.

„Alpha"! Natürlich haben Sie damit eine Art Vormachtstellung inne, aber das Anführen Ihrer kleinen Mensch-Hund-Gruppe bedeutet auch, dass Sie der Erste sind, der sich dem Ungewissen, was nach dieser engen Stelle kommen mag, aussetzt.

Denken Sie zurück an Ihre Kindheit. Irgendwann einmal hatten Sie Angst, im Keller könnten Geister und Hexen leben, und waren dankbar, sich hinter der Mutter verstecken zu können, die tapfer die Kellertreppe hinunterstieg, um sicherzustellen, dass keine Gefahr bestand, wenn dort unten eine neue Flasche Mineralwasser zu holen war. Haben Sie schon vergessen, wie gut dieses Gefühl war, von dem Druck, als Erster gehen zu müssen, entlastet zu werden?

Ich höre förmlich Ihren Einwand: „Mein Hund will aber vorausgehen! Er zieht so lange, bis er an der Spitze ist!" Natürlich, denn Ihr „Nugget" hat es nicht anders gelernt. Früher, als er Welpe war, trottete er – sogar ohne Leine – noch wie selbstverständlich Ihren Füßen hinterher. Als dann die Zeit kam, da er nach Führung suchte, hat er sie bei Ihnen nicht (ausreichend) gefunden, und nun ist es sein Privileg, vorauszugehen. Da gibt es nichts anderes als umzulernen. Ich kann Ihnen gar nicht sagen, wie wichtig es für eine gesunde Rangordnung ist, dass der Hund lernt, hinter seinem Menschen durch Engpässe zu gehen. Wer vorausgeht, der führt. Sicher werden Sie einige Zeit brauchen, um Ihren Hund umzugewöhnen. Aber es zahlt sich aus. Sie machen ihm damit unmissverständlich klar, wer hier führt. Es liegt an Ihrer Konsequenz, wie lange Sie dafür brauchen.

> **Tipp:**
>
> Wenn Sie einen Hund haben, der Sie bei Ihren Bemühungen, vor ihm in die Wohnung zu kommen, immer wieder infrage stellt, empfiehlt es sich, bei jedem Betreten der Wohnung ganz entschlossen und ausgiebig die Schuhe auf der Fußmatte abzustreifen. Jetzt lachen Sie, aber für den Hund wirkt es wie Scharren, Imponieren und Markieren. Zeigen Sie es ihm in seiner Sprache, und er wird verstehen!

Ein weitverbreitetes Problem, bei dem sich die Körpersprache des Menschen erheblich auswirkt, ist die Leinenaggression. Der Hund bellt und tobt, wenn er angeleint an anderen Hunden (oder auch an Joggern) vorbeilaufen soll. Beginnen wir wieder damit, das eigene Verhalten kritisch zu durchleuchten. (Nicht, weil ich auf Ihnen herumhacken möchte, sondern weil es einfacher ist, bei sich selbst Korrekturen vorzunehmen als bei anderen!)

Sie wissen, dass Ihr Hund derart reagiert. Sie sind mit ihm unterwegs und sehen, dass ein anderer Hund auf Sie zukommt. Was passiert ganz unbewusst und automatisch bei Ihnen? Sie haben aus früheren Erfahrungen gelernt, Ihr Schritt verzögert sich (wenn auch fast unmerklich!), Ihr ganzer Körper spannt sich an („Oh nein, jetzt geht das Theater gleich wieder los!"), und womöglich ziehen Sie Ihren Hund näher an sich heran, um sicher zu sein, dass Sie ihn im kritischen Moment wirklich halten können. Ihre Reaktion ist verständlich. Aber was signalisieren Sie – Sie als Rudelführer! – damit Ihrem Hund?

Erziehung und Körpersprache

 Verzögerter Schritt = Oh, ich bin unsicher.
Anspannung = Achtung, da kommt Gefahr.
Hund heranziehen = Bleib schön in meiner Nähe, wir kämpfen gemeinsam!

Na ja, und dann passiert, was schon so oft passiert ist: Ihr Hund wertet die Körpersignale auf hündische Art und schmeißt sich tapfer in die Leine, um den Erzfeind, der da kommt, zu vertreiben! Meistens ist dieses Bestreben auch von Erfolg gekrönt, denn der andere Hund verschwindet irgendwie und irgendwohin (sein Frauchen schleppt ihn auf die andere Straßenseite oder Ähnliches). „Ha, wir haben gewonnen!" Vielleicht fangen Sie auch noch wütend an zu schimpfen? Sie schimpfen zwar mit Ihrem Hund, aber er meint, Sie wären – wie er selbst – wütend auf den anderen Hund: „Wow, ist Frauchen wütend! Sie kläfft mit mir mit!" Und schon ist ein hübsches Ritual geboren, das ab sofort bei jeder Hundebegegnung an der Leine praktiziert wird.

Oder sind Sie der Typ Hundehalter, der sich bemüht, den Hund zur Ruhe zu bringen? Mit tröstenden Worten? Dann unterstützen Sie ihn auch noch in seinem Gebaren! Oder versuchen Sie es mit negativen Einwirkungen? Dann lernt Ihr Hund: „Immer, wenn ein anderer Hund kommt und ich an der Leine bin, wird Frauchen irre und geht auf mich los!"

Ein souveräner Hundeführer vermeidet Leinenaggression über seine Körpersprache und – sofern notwendig – auch mittels Erziehungshilfen.

Aber keine Angst! Sie werden diesen Teufelskreis durchbrechen, wenn Sie immer daran denken, wie sehr Sie Ihren Hund entlasten können, wenn Sie ihm die Aufgabe der Rudelführung abnehmen. Die Leine ist nicht dazu da, ihn an Sie zu binden, sondern primär, um ihn davor zu schützen, vor ein Auto zu laufen, und ein Mittel, ihn sicher durch alle schwierigen Situationen unserer reizüberfluteten Umwelt zu führen. Es ist eine Orientierungshilfe für ihn! Am besten ist immer eine kleine „Selbstkontrolle". Sicher finden Sie im Freundes- oder Bekanntenkreis jemanden, der bereit ist, Sie einmal in so einer Situation zu filmen. Sehen Sie sich das Video danach ein paarmal genau an. Ich bin sicher, dass Sie den Fehler finden werden. Halten Sie die Leine zu straff, statt sie schön locker durchhängen zu lassen? Verzögern Sie unwillkürlich Ihr Tempo? Fixieren Sie den entgegenkommenden Hund? Analysieren Sie sich und Ihren Hund und versuchen Sie, die Fehler zu finden.

Vermutlich haben Sie vor allem festgestellt, dass Ihr Hund Sie in solchen Situationen keines Blickes mehr würdigt. Also beginnen Sie daheim in Ruhe damit, dem Hund „Schau mich an!" beizubringen. Generalisieren Sie dieses Training. Der Hund soll Sie immer und überall anschauen. Nur dann kann ein gezielter Kommunikationsaustausch zwischen Ihnen stattfinden. Achten Sie darauf, dass die Leine lang genug ist und dem Hund genügend Bewegungsfreiheit lässt. Sie muss locker durchhängen. Haben Sie einen sehr starken Hund, den Sie auf diese Weise unmöglich halten können, bleibt Ihnen keine andere Wahl, als kurzfristig ein Hilfsmittel einzusetzen (z. B. Kopfhalter). Sie können zu keinem Erfolg gelangen, wenn Sie sich selbst auch nur im Geringsten unsicher fühlen! Überfordern Sie sich bei den nächsten Begegnungen nicht. Lieber einen größeren Abstand glanzvoll bestehen, als draufgängerisch zu nahe zu passieren und Schiffbruch zu erleiden. Lassen Sie sich Zeit! Das Ziel ist, dass Sie mit Ihrem „Nugget" so laufen, als wenn da kein anderer Hund käme, und vor allem, als wenn da noch nie ein Problem gewesen wäre.

Wie gern würde ich Sie bei den ersten Spaziergängen begleiten! Doch ich bin sicher, dass Sie es schaffen, Ihre bisherigen schlechten Erfahrungen auf diesem Weg aus Ihren Gedanken zu streichen – und zurück bleibt glitzerndes Gold!

Lassen Sie uns noch einen Moment bei der menschlichen Körpersprache verweilen und bei der Frage: „Wie setze ich meine Körperhaltung in Sachen Erziehung ein?" Denn, genau wie der Hund, senden auch wir ständig und immerzu Signale mit unserem Körper aus.

Territorialverhalten ist ein Normalverhalten bei Wolf, Hund und Mensch. Damit wird notwendiger Lebensraum gesichert. Der Hund rennt an den Gartenzaun und bellt. Der Wolf läuft jeden Tag sein Territorium ab und setzt Duftnoten mittels Kot und Urin. (Das machen unsere Hunde auf ihren täglichen Spaziergängen ja auch!) Sie selbst lassen ebenfalls nicht jeden in Ihre Wohnung. Für Hunde beträgt die sogenannte „Individualdistanz" zwischen fünf und acht Metern!

Auch der eigene Körper stellt ein Territorium dar, das andere respektieren und nicht verletzen sollen.

Erziehung und Körpersprache

Gern soll der Hund am Leben teilnehmen dürfen. Aber Liegen an strategisch wichtigen Stellen hat kontrollierende, bewegungseinschränkende Funktion (Abb. a). Weisen Sie dem Hund einen angemessenen Platz zu (Abb. b).

Unsere Gedanken und Gefühle stellen Territorien dar, die wir nicht jedem preisgeben möchten. Beim Baby kann man die ganz ursprüngliche Form beobachten: Bei jedem hineingezwungenen Löffel Brei wehrt es sich gegen eine Territorialverletzung vehement. Denn jede Verletzung eines Territoriums überschreitet Grenzen und verursacht eine Störung.

Sie fragen sich vielleicht, was das mit Hundeerziehung zu tun hat. Wir grenzen uns häufig gegen unsere Hunde ab, ohne es bewusst zu merken oder zu wollen. Aber wir ignorieren gleichsam territoriale Verletzungen.

Ihr Hund ist schon x-mal ausgerissen und auf Zuruf nicht zurückgekommen. In Ihrem Kopf ist dieses Wissen, diese Erfahrung und Ihr Körper stellt sich darauf ein, sendet die entsprechenden Signale. Es ist wichtig, dass Sie dieses Gefühl, diese Gedanken, diese negative Vorausahnung wahrnehmen (also: „für wahr nehmen"). Schwenken Sie schnell um und schauen Sie sich *jetzt* Ihre Körperhaltung an. Was strahlen Sie gerade aus? Stehen Sie da wie eine Stahlwand und wundern sich, dass der Hund bei so viel „Festung" beim besten Willen nicht zu Ihnen kommen *kann*? Oder sind Sie schon beim ersten Gedanken an diese Situation so mutlos und niedergeschmettert, dass Ihr „Hier!" und Ihre Körperhaltung ein einziges „Häufchen Elend" darstellen? Sobald Sie sich selbst derart wahrnehmen, haben Sie die Möglichkeit, sich *bewusst* für eine andere Haltung zu entscheiden. Sie werden erstaunt sein, wie viel Einfluss diese Art von „Selbstkontrolle" auf das Verhalten Ihres Hundes haben wird.

Hündisch für Nichthunde

Andererseits steht Ihnen ein Recht auf Bewegungsfreiheit zu. Also reden Sie es sich nicht schön, wenn der Hund ständig hinter Ihnen herläuft und Ihnen vor und auf den Füßen herumliegt. Er ist nicht anhänglich! Er schränkt Sie ein! Und das sollten Sie nicht zulassen.

Es ist sinnlos, so zu tun, als wären Sie eine selbstsichere Alpha-Erscheinung, wenn Ihr Innenleben nicht mitspielt und Sie sich nicht selbst zur Gelassenheit überreden können. Unser Körper kann nicht lügen! Und Hunde durchschauen uns immer!

Hundeerziehung beginnt im Herzen und ist eine Frage der Persönlichkeit!

Was immer Sie tun, tun Sie es aus ganzem Herzen und bleiben Sie sich treu. Sie sind nie glaubwürdiger für Ihren Hund. Das Wesen des Hundes ist individuell und steht im dauernden Zusammenhang zwischen seiner Anlage (oder Veranlagung) und den vielen Umwelteinflüssen. Auch Sie sind ein Umwelteinfluss, der auf das Tier wirkt. Und zwar ein ganz entscheidender!

Mit aufrichtigem Lob, Freude an kleinen Erfolgen und konsequenten Grenzen, mit gelassener Ruhe und echter Zuneigung schenken Sie Ihrem Hund die innere Sicherheit, die er zu seiner Entfaltung braucht.

Bindung und Beziehung – wo ist der Unterschied?

Diese zwei Ausdrücke werden oft verwechselt. Wenn ich Kunden sage: „Die Bindung zwischen Ihnen und Ihrem Hund stimmt noch nicht, da müssen wir dran arbeiten", dann sind viele schockiert und beleidigt. Denn sie stellen fehlende Bindung gleich mit: „Mein Hund liebt mich nicht!"

- Eine *Beziehung* ist etwas, was man sehr schnell und mit allen möglichen Menschen und Tieren hat. Ich habe mit meinem Nachbar eine nachbarschaftliche Beziehung. Wir sagen einander Guten Tag, reden ein paar freundliche, aber absolut belanglose Worte und gehen wieder unserer Wege.
- *Bindung* hingegen bedeutet, dass zwischen uns und unserem Hund ein festes Band der gegenseitigen Zuneigung und des tiefen Vertrauens geknüpft ist. Wir Menschen sind für unsere Hunde die sichere Festung, von der aus sie Erkundungszüge starten und zu der sie immer wieder zurückkehren können mit dem sicheren Wissen, freudig empfangen zu werden. Ein Hund, der eine gute Bindung zu seinem Mensch hat, ist stark motiviert, etwas für und mit seinem Mensch zu tun und ihm zu gefallen.

Wie erreiche ich eine gute Bindung mit meinem Hund? Indem er an meinem Alltag teilnehmen darf. Der Hund ist ein Rudeltier, und das bedeutet, dass er im alltäglichen Leben miteinbezogen werden möchte. Natürlich gibt es immer wieder Termine, zu denen wir ihn nicht mitnehmen können. Aber wir sollten ihn so viel wie möglich teilhaben lassen. Bitte denken Sie nicht, dass Ihr Hund nichts davon hat, wenn er mit zur Post geht und dort zehn Minuten angeleint auf Sie warten muss. Für den Hund ziehen Sie zusammen los und Sie kehren zusammen wieder heim. Auf dem Weg zur Post erhält er Anregungen durch die Umwelt. Und vielleicht kann man ihm auch die Aufgabe zuteil werden lassen, die Tageszeitung im Maul heimzutragen.

Einbeziehen in den Alltag festigt die Bindung zwischen Hund und Halter.

Hündisch für Nichthunde

Körperkontakt zwischen Mensch und Hund fördert das Vertrauensverhältnis. (Foto: Tierfotoagentur.de/Alexa P.)

und lächeln ihn dabei an. Ihr Gesicht soll der Dreh- und Angelpunkt für den Hund werden. Achten Sie darauf, dass Sie dabei seinen Namen nicht zu oft nennen. Loben Sie jeden Blick, den er Ihnen schenkt. Draußen, im Alltag und im Training, sind Sie auf seine Aufmerksamkeit angewiesen. Verwenden Sie dazu einen leisen Tonfall. Der Hund hat zum einen ein sehr gutes Gehör, und außerdem lernt er so, sich auf Ihre Stimme zu konzentrieren.

Spielen und Erlebnisspaziergänge sind ein weiteres Instrument, um eine gute Bindung zum Hund zu erhalten. Grundsätzlich sollte jeder Spaziergang nicht nur ein reines Nebeneinanderherlaufen sein, sondern immer ein Highlight, ein gemeinsames Spiel beinhalten. Ein kleiner Sprint, ein kurzes Versteckspiel, ein Hochsprungwettbewerb über Baumstämme oder einander fangen – es gibt grenzenlose Möglichkeiten.

Natürlich sollte Ihr Hund möglichst nicht im Bett schlafen. Aber für die Bindung wäre es sehr schön, wenn er einen Platz neben Ihrem Bett bekäme und nicht weggesperrt wird. (Sofern er nicht schnarcht wie ein Waldarbeiter! So wie mein eigener!) Selbstverständlich gehört Knuddeln ins Programm, denn Körperkontakt ist sehr wichtig für das Vertrauensverhältnis. Der Hund lernt auf angenehme Weise, sich überall berühren (und gegebenenfalls untersuchen) zu lassen, und erfährt, dass er sich bei Ihnen „fallen lassen" kann.

Achten Sie ferner darauf, dass Sie Ihren Hund nicht nur ansprechen, um die Ausführung eines Befehls von ihm zu fordern oder gar mit ihm zu schimpfen. Reden Sie freundlich mit ihm

Tipp:

Behandeln Sie Ihren Hund einfach so, wie Sie selbst gern behandelt werden möchten, das heißt, seien Sie gerecht und konsequent, lassen Sie Ihre Laune nie am Hund aus, und loben Sie ihn überschwänglich, wenn er etwas gut macht. Wenn er etwas anstellt, tadeln Sie „auf den Punkt genau", und vergessen Sie nicht: Sie sind wütend über „ein Verhalten" und nicht auf den Hund als Lebewesen! Geben Sie ihm einfach das Gefühl, der beste Hund der Welt zu sein ... und er wird diese Rolle liebend gern übernehmen!

Dominanz oder Ignoranz?

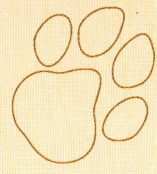

Man hört sehr viele Hundebesitzer von ihren Tieren sagen: „Mein Hund ist so dominant." Eigentlich meinen die meisten damit: „Ich kriege meinen Hund nicht in den Griff", oder: „Mein Hund ist so eigensinnig, dass ich nicht dagegen ankomme." Uns Goldschürfer interessiert, was das Wort Dominanz wirklich bedeutet, und wir finden im Wörterbuch:

Dominanz = Einfluss auf das allgemeine Geschehen nehmen

Aha! Sind wir dann nicht eigentlich alle dominant? Wenn ich über die Straße gehe und zwei Autos meinetwegen anhalten oder ihr Tempo verringern müssen, nehme ich Einfluss auf das allgemeine Geschehen und bin dominant. Und wenn meine Mutter blaue Augen hat und mein Vater grüne und ich habe Papas Augen – dann war das Gen meines Vaters dominant. Es hat sich gegenüber dem Gen meiner Mutter durchgesetzt.

Woran erkenne ich, dass ich und mein Hund ein Dominanzproblem haben? Nun, eigentlich sollte es heißen: „Wir haben ein Rangordnungsproblem. Ich möchte gern der Rudelführer sein, aber mein Hund anerkennt mich nicht als solchen."

Wenn wir uns an unseren Lehrer Wolf halten, finden wir am besten heraus, mit welchem Verhalten uns unser Hund eigentlich signalisiert: „Du bist *kein* guter Rudelführer für mich."

Alle Nuancen der Körpersprache wollen trainiert sein – sowohl das Unterlegensein als auch das Dominieren.

Hündisch für Nichthunde

Was macht mein Hund?

Mein Hund lässt sich mehrfach bitten und ignoriert meine Befehle.

Wie würde ein Alpha-Wolf reagieren?

„Alpha" warnt nur kurz, setzt dann das Geforderte durch.

Das heißt für uns:
- Befehle sollten klar und deutlich erteilt und auf deren Ausführung bestanden werden. Fordern wir „Sitz", sollten wir auch darauf bestehen, dass sich der Hund setzt, und nicht nach dem vierten oder fünften vergeblichen „Sitz"-Sagen resigniert denken: „Dann eben nicht."
- Geben Sie Ihrem Hund keinen Befehl, wenn Sie in diesem Moment keine Möglichkeit haben, einzuwirken und auf die Durchführung des Befehls zu bestehen. Wenn Sie zum Beispiel mit Einkaufstüten beladen sind und keine Hand frei haben, um den Befehl „Sitz" durchzusetzen.

Was macht mein Hund?

Mein Hund sucht sich seinen Liegeplatz selbst aus und bevorzugt Sofa, Sessel, Bett und den Teppich im Eingang.

Wie würde ein Alpha-Wolf reagieren?

„Alpha" hat das alleinige Privileg auf einen besonderen (meist erhöhten oder strategisch wichtigen) Liegeplatz; außer von Welpen duldet „Alpha" kein Kontaktliegen (das heißt enges Beieinanderliegen).

Das heißt für uns:
- Es ist gut, wenn der Hund im Schlafzimmer sein Körbchen hat. Es ist schlecht, wenn er bei uns im Bett schläft. Das gilt für Hunde jeder Größe!
- Es ist gut, wenn der Hund im Wohnraum einen eigenen Platz für sich hat, auf dem er liegen, dösen und trotzdem dabei sein kann. Sobald man aber das Gefühl hat, der Hund folgt nicht gut und macht, was er will, darf man ihn keinesfalls auf gleiche Höhe zu sich auf das Sofa lassen. Denn der Hund wertet dies als Gleichstellung mit dem Ranghöchsten. Gleiches Ruhen – gleiche Rechte!

Was macht mein Hund?

Mein Hund sitzt ständig auf meinem Schoß oder schläft im Bett. Wenn ich mich von ihm getrennt in einem anderen Raum aufhalte, heult und bellt er und zerkratzt die Tür.

Wie würde ein Alpha-Wolf reagieren?

„Alpha" hat das Privileg auf Individualdistanz. Wird diese verletzt, ignoriert er es zunächst; wird er weiter belästigt, bewahrt er seine Distanz durch Abwehren der Annäherung. Im Übrigen lernen so bereits die Welpen, die Ruhephasen der Erwachsenen zu respektieren.

Das heißt für uns:
- Wir müssen uns bei aller Tierliebe das Recht bewahren, mal eine Auszeit zu nehmen: eine gemütliche Stunde in der Badewanne, ein Mittagsschläfchen ohne Ballwerfen, was auch immer!
- Der Hund muss lernen zu akzeptieren, dass wir das Recht auf Individualdistanz haben. Auch das berühmte: „Er ist so anhänglich! Wenn ich irgendwo sitze, liegt er auf meinen Füßen", sollten wir unterbinden. Das hat nämlich nichts mit Anhänglichkeit zu tun, sondern mit „Einfluss auf das allgemeine Geschehen nehmen". Ganz nach dem Motto: „Du stehst nicht auf, ohne dass ich es merke."

Dominanz oder Ignoranz?

- Mein Hund geht zuerst, das heißt vor mir durch Türen, Eingänge, Treppen.
- Mein Hund steht immer quer, ständig muss man über ihn hinwegsteigen.
- Mein Hund bestimmt, wo der Spaziergang hingeht/welchen Weg wir nehmen.
- Mein Hund zerrt und zieht an der Leine, ich hänge entweder hintendran oder warte, bis er ausgiebig geschnüffelt hat.

Beispiel: Tiefschneewanderungen eines Wolfsrudels; „Alpha" geht voraus, das heißt, er führt nicht nur, sondern hat hiermit sicher auch den härtesten Job (= Rudelerhalt! Der Schwächste ist der Letzte und läuft auf einer gut geebneten Bahn!)
Keinem Wolf würde es in den Sinn kommen, „Alpha" zu überholen, sich quer in den Weg zu stellen und gemütlich herumzuschnüffeln und „Alpha" würde nie warten, bis jedes Rudelmitglied fertig geschnüffelt hat!

Das heißt für uns:
- Wir müssen lernen, die Initiatoren jeglicher Aktivitäten zu werden. Wir dürfen nicht zulassen, dass unser Hund unsere Bewegungsfreiheit oder -richtung bestimmt, da wir damit unsere Stellung als Rudel(an)führer abgeben. Andernfalls lassen wir uns nämlich von ihm manipulieren.
- Wir müssen uns einfach klarmachen, dass es für unseren Hund extrem verwirrend ist, wenn wir ihm einerseits erlauben, vor uns die Treppe hinunterzustürmen und den klingelnden Besucher als Erster überschwänglich zu überfallen, andererseits aber von ihm erwarten, dass er uns außerhalb des Hauses folgt, nicht an der Leine zieht und auf Zuruf ohne zu zögern kommt. Unser Hund kann nicht in zwei Welten leben!

Mein Hund lässt sich Futter/Knochen nicht abnehmen oder klaut vom Tisch.

Nur der Rangniedrige gibt sein Futter ab.

Das heißt für uns:
- Wenn unser Hund vom Tisch klaut, ist es primär unser Fehler, da wir ihm ermöglicht haben, es zu tun! Vielleicht haben wir sogar irgendwann einmal darüber gelacht, als er noch klein war? Dann haben wir sein Verhalten also doppelt belohnt: Zum einen durch Beachtung und Gelächter, zum anderen durch die direkte Futterbelohnung, die er durchs Klauen erhalten hat.
- Wenn der Hund uns anknurrt, sobald wir ihm etwas aus dem Maul nehmen wollen, sieht er uns ganz klar als rangniedrig an. Vielleicht erschrecken wir beim ersten Mal und weichen mit der Hand zurück. Aber spätestens beim zweiten Mal müssen wir ganz rigoros durchgreifen. Sonst haben wir verspielt!
- Bei Hunden mit der Neigung, Futter (oder andere Dinge) gegen den Halter verteidigen zu wollen, ist dringend geraten, anonym zu füttern. Das heißt, das Fressen wird vorbereitet und an den Fressplatz gestellt, ohne dass der Hund zuschauen kann. Erst dann lässt man den Hund in den Raum. Denn: „Nur der Rangniedrigste gibt sein Futter ab." Eine andere Möglichkeit wäre, auf Handfütterung umzustellen. Das Futter gibt es nicht umsonst, sondern für richtiges Verhalten, und zwar im und außer Haus.

Hündisch für Nichthunde

| Mein Hund markiert/kotet in der Wohnung, obwohl er stubenrein und physisch gesund ist. | Das Markieren des Reviers und vor allem des Höhlenkomplexes ist „Alpha" vorbehalten. Kein Rangniedriger würde es wagen, dort zu markieren (Urin und Kot). |

Das heißt für uns:
- Wenn sich unser Hund innerhalb der Wohnung löst, müssen wir unbedingt genau beobachten, um zu unterscheiden: Ist er richtig stubenrein (manche Hunde verlernen während eines Tierheimaufenthaltes die Stubenreinheit!)? Ist er gesund (Blasenentzündung, Magen-Darm-Entzündung und so weiter)? Ist es ein Markieren (kleine Urinmenge) oder das Entleeren der Blase (ein richtig kleiner See)? Hatte der Hund genügend Möglichkeiten und Ruhe, sich außer Haus zu lösen? Auch die reine Trennungsangst ist häufig mit Urinieren gekoppelt und nicht als Auflehnung, sondern als Angstsymptom zu werten!
- Ist es aber reines Markieren (kleine Urinspritzer und immer an „strategisch wichtigen" Stellen, zum Beispiel an Schuhen, Kleidungsstücken oder dem Bett des Besitzers oder einem Türrahmen), dann sollten wir es als Warnsignal deuten, das darauf hinweist, dass mit der Rangordnung etwas nicht stimmt.

| - Mein Hund kommt auf Zuruf nicht.
- Wenn Sie heimkommen, begrüßen Sie den Hund und nicht umgekehrt. | Die Folgebereitschaft wird im Wolfsrudel durch Futterbestätigung bereits im Welpenalter trainiert.
Beispiel: Kommt „Alpha" von der Jagd zurück zum Höhlenkomplex, laufen ihm die Welpen und rangniedrigen Tiere in Demutshaltung (Ohren angelegt, gesenkte Körperhaltung) entgegen. Selbst die Alpha-Wölfin zeigt dieses Verhalten ansatzweise gegenüber dem Leitwolf. |

Das heißt für uns:
- Natürlich möchten wir nicht, dass unser Hund in Demutshaltung zu uns gerobbt kommt. Aber unser Traum ist, dass unser Hund bei Zuruf freudig und zügig zu uns kommt. Das erreichen wir nur, indem wir den Hund positiv bestätigen, sei es mit Leckerli, sei es mit Lob, Clicker oder Spiel. Am Anfang setzen wir zwar eine lange Leine ein, um den Hund auf Entfernung dazu zu veranlassen, zu uns zu kommen. Dies praktizieren wir nur so lange, bis er verstanden hat: „Es ist so gut, zu Herrchen/Frauchen gerannt zu kommen!" Nie darf der Hund mit Geschimpfe empfangen werden! Nie dem Hund hinterherrennen, sondern sich zügig von ihm entfernen. Geübt wird selbstverständlich an verkehrsfreien Orten, an denen nichts passieren kann.
- Wenn wir unseren Hund irgendwo zurücklassen, sei es zu Hause, sei es vor einem Laden, dürfen wir ihn keinesfalls begrüßen und überschwänglich loben, wenn wir zurückkommen. Der Hund empfindet das als: „Da kommt das Weichei reumütig zurückgekrochen." Wir (der Rudelführer) kehren zurück zum Hund. Das allein ist das beste Lob, die tollste Bestätigung für ihn! Begrüßt uns der Hund dann überschäumend, sollten wir sehr reserviert reagieren, da wir ihm ansonsten wiederum signalisieren: „Ich bin so froh, endlich wieder bei dir zu sein, ich hatte solche Angst ohne deine Nähe." Sie glauben das nicht? Okay, dann probieren Sie es aus – und Sie werden sich innerhalb kürzester Zeit einen kleinen Tyrannen heranzüchten, der nicht allein zu Hause bleiben mag oder sonstige Unarten entwickelt.

Dominanz oder Ignoranz?

- Mein Hund verteidigt unaufgefordert sein Territorium gegen Artgenossen und fremde Menschen.
- Mein Hund belästigt Besucher.

„Alpha" leitet die Jagd ein und führt die Gruppe zum Angriff auf die Beute oder auch auf den Eindringling.
Das Revier markieren, ablaufen und kontrollieren ist Sache von „Alpha".

Das heißt für uns:
Daheim ist der Hund „der liebste Hund der Welt". Kunststück, dort wird nichts von ihm gefordert und somit sein Rang auch nicht infrage gestellt. Verlagern Sie Dinge, die dem Hund wichtig sind, nach draußen. Verstecken Sie das Spielzeug und nehmen Sie immer nur eins mit auf den Spaziergang, das Sie kurzfristig zur Verfügung stellen, aber auch wieder einstecken. Füttern Sie unterwegs statt daheim. Schmusen Sie unterwegs statt zu Hause. Sie ändern damit den „Wert" des Territoriums und somit die Verteidigungsbereitschaft.

Mein Hund reagiert auf Einschränkung seiner Privilegien mit Knurren/Drohen, zum Beispiel wenn sich ein Besucher auf den Lieblingsplatz unseres Hundes setzt.

Im Wolfsrudel hat jeder ein Recht auf Protest bei ungerechter Behandlung, selbst der Rangniedrigste! Allerdings nur im Rahmen seiner Privilegien dem Rang entsprechend.

Das heißt für uns:
Wenn Ihr Hund auf dem schönen, gemütlichen Fernsehsessel liegen darf, okay! Wenn er aber nicht duldet, dass jemand anders auf diesem Sessel sitzt, oder protestiert, wenn Sie ihn hinunterbefördern wollen, dann ist das ein klares Indiz dafür, dass der Hund zu viele Privilegien bekommen hat, und es an der Zeit ist, ihn wieder zurück in sein Körbchen zu verweisen! Dieser Platz muss dann allerdings tabu sein. Wenn er sich dorthin zurückzieht, muss er in Ruhe gelassen werden.

Mein Hund reitet an Beinen und Armen auf.

Dies ist eine ganz eindeutige Dominanzgeste, die bei „Alpha" einen Ernstkampf heraufbeschwören würde.

Das kann für uns nur eins bedeuten:
Strikt unterbinden! Und den Hund – nötigenfalls auch mit Härte – wegschubsen. Das ist auch und vor allem dann wichtig, wenn der Hund bei Kindern aufreitet!

Sicher hat der eine oder andere Hund in unserem Zusammenleben mehr oder weniger Freiheiten. Das hängt ganz davon ab, was der Hundebesitzer für Regeln für das Zusammenleben aufgestellt hat. Und ich möchte mit dieser Ausführung auch nicht sagen, dass man grundsätzlich mit *keinem* Hund auf dem Sofa kuscheln darf!

Es gibt Hunde, die sehr willig und gut führbar sind und denen man durchaus mehr Freiheiten einräumen kann. Andererseits gibt es Hunde, die die kleinste menschliche Schwäche (aus)nutzen und täglich einen neuen Machtkampf mit ihren Besitzern anzetteln. Mit diesen Hunden sollte man sehr konsequent verfahren und möglichst alle obigen Dominanzansätze unterbinden.

Hündisch für Nichthunde

Dieser Hund ruht sich vor den Beinen seiner Halterin aus und hat damit die „volle Kontrolle" darüber, was Frauchen tut oder wer sich nähert.

Wir räumen unserem Hund manchmal Privilegien ein, von denen wir noch nicht einmal ahnten, dass es nach seinem Empfinden Privilegien sind! Es gibt Hunde, mit denen man keine drei Meter am Stück laufen kann, schon stehen sie wieder und „lesen Zeitung", schnüffelt inbrünstig, nehmen sich so richtig schön viel Zeit (die zweite Straßenbahn ist mittlerweile schon weg ...), und wenn man dann an der Leine zieht, muss der Ärmste doch nur unbedingt mal die Blase leeren! So etwas kann sich auf ganz leisen Sohlen einschleichen und der Hund baut ohne unser Wissen Privilegien aus. Die Halter erklären: „Wir machen abends immer die letzte Runde, auf der sich der Hund ja für die Nacht entleeren soll. Also bleiben wir stehen, wenn er stehen bleibt." Der Hund beeinflusst also Tempo, Richtung und Weiterkommen. Warum sollte er unterscheiden zwischen einer abendlicher Pinkelrunde und Besorgungs- oder Spaziergängen? Gewöhnen Sie sich an, immer ein wenig länger stehen zu bleiben, als es der Hund von sich aus tun würde. Damit signalisieren Sie: „Ich bleibe stehen, weil *ich* stehen bleiben will. Nicht deinetwegen. Nicht, weil du schnüffeln oder pieseln willst. Und ich gehe weiter, wann *ich* will." So einfach ist es, „Dominanz" erkennen zu lassen!

Ignoranz ist ein weiteres Mittel zur Erziehung. Haben Sie einen Hund, der – ähnlich wie ein Kind – nicht erträgt, dass er mal nicht im Mittelpunkt steht, weil Sie gerade telefonieren oder mit der Nachbarin Kaffee trinken, und dann mit allen möglichen und unmöglichen Aktionen probiert, Ihre Aufmerksamkeit zu erlangen? Dann sollten Sie in Ihre Erziehung weit mehr Ignoranz einbauen. Denn auch negative Beachtung („Fifi, lass das sein!") ist Beachtung! Wenn Ihr Hund seinen Ball bringt, Faxen macht, am Schnürsenkel zieht, sich vor Sie hinsetzt –

Dominanz oder Ignoranz?

dann beachten Sie ihn einfach nicht! Sobald er aufgibt und sich „schmollend" in sein Körbchen zurückzieht, können Sie von sich aus das Spiel initiieren. Genauso verhält es sich bei Hunden, die wild herumdüsen und auf Zuruf nicht mehr zurückkommen, sobald sie von der Leine sind. Sie haben nach und nach gelernt: „Ich kann drauflosrasen, wie ich will. Herrchen schaut schon, dass ich nicht verloren gehe. Und er rennt immer schreiend hinter mir her. Toll, ich muss gar nicht schauen, wo er ist. Ich höre ihn ja." Sobald Sie den Spieß umdrehen und cool davonlaufen, wenn Ihr Hund nicht auf Zuruf kommt, lernt er: „Oh! Ich muss nun aufpassen, wo Herrchen hingeht! Sonst gehe ich verloren!"

Was oftmals als Freude, Neugier oder Temperament interpretiert wird, ist in Wirklichkeit eine kleine Unverschämtheit gegenüber dem Menschen und sollte unterbunden werden.

 Beachte:

Kein Hund möchte sein Rudel verlieren. Aber viele Hunde haben nicht gelernt, dass sie selbst dafür verantwortlich sind, Herrchen oder Frauchen nicht aus den Augen zu verlieren. Versuchen Sie, mehr zu agieren statt zu reagieren. Dazu gehört auch, dass Sie auf gewisse Aktionen des Hundes schlicht keine Reaktion zeigen.

Dieser Hund würde auch knurren und seine Zähne zeigen, wenn eine Hand versuchen würde, ihm den Knochen wegzunehmen.
(Foto: Tierfotoagentur.de/K. Mielke)

Der Hund – ein Opportunist

Nun könnte vielleicht der Eindruck entstanden sein, dass Ihr Hund ein absoluter Egoist ist. Wir wären keine Goldschürfer, wenn wir nicht an der Oberfläche kratzen würden; uns interessiert, wie das wirklich ist. Hunde handeln – wie alle Lebewesen – einfach nur nach dem Prinzip der Selbsterhaltung. Sie sind Opportunisten. Das bedeutet: Sie tun lediglich nur *das ihnen Nützliche* (nicht das Richtige oder das Gute).

So wie wir vor dem Kauf eines neuen Autos abwägen: „Wie viel bekomme ich noch für das alte Auto, was kostet das neue, was spare ich an Steuern, was kosten mich Unterhalt, Benzin und Versicherung – was hingegen würde mich die Reparatur des alten Autos kosten?" Dieser Vorgang läuft beim Hund nicht wie bei uns auf bewusster Ebene ab, sondern im Unterbewusstsein, ganz automatisch und im Sinne der Arterhaltung. In der Ethologie reden wir von einer *Kosten-Nutzen-Analyse*, die wir im Übrigen im ganzen Tierreich beobachten können.

Ein Beispiel: Stellen Sie sich vor, Sie stehen an einer Lichtung und sehen am angrenzenden Waldrand ein Reh. Das Reh zögert. Auf der Lichtung wächst wunderschönes saftiges Gras. Das Reh braucht das Gras, denn es weiß instinktiv: Dieses Gras ist natriumhaltig. Natrium ist wichtig für die Wasserspeicherung im Gewebe. Da das Reh die Feuchtigkeit im Körper braucht, braucht es das Gras. Andererseits hat das Reh Ihre Gegenwart aber schon akustisch und olfaktorisch (es riecht Sie) wahrgenommen. Es steht da, zögert, und währenddessen läuft in ihm eine Kosten-Nutzen-Analyse ab: Der Nutzen beim Betreten der Lichtung ist, das Gras fressen zu können. Die Kosten sind die Gefahren, die vom Menschen ausgehen (Sie könnten ja ein Jäger sein). Und so wird das Reh seine Entscheidung fällen, je nachdem, welche Erfahrungen es schon mit Menschen gemacht hat und je nach Dringlichkeit seines Bedarfs: flüchten oder die Lichtung vorsichtig betreten und beginnen zu fressen.

Nicht nur Säugetiere sind so „schlau".

Ein weiteres Beispiel: Der männliche Frosch, der am Rande des Biotops sitzt, stellt (unbewusst!) eine Kosten-Nutzen-Analyse an. Er muss möglichst laut quaken, damit er ein Weibchen zur Paarung anlocken kann. Gleichzeitig gibt er aber damit seinen Feinden seinen Aufenthaltsort preis und begibt sich dadurch in Gefahr. Es gibt da ganz raffinierte „Satellitenfrösche". Die dicksten, stärksten Frösche können am lautesten quaken. Die Satellitenfrösche sind aber kleiner und haben keine so starke Stimme. Sie setzen sich in die Nähe eines stimmgewaltigen

Der Hund – ein Opportunist

Frosches und warten, bis ein Weibchen daherkommt, um es abzufangen. Der lauthals schreiende Frosch hatte die Kosten, das Risiko: Er hat gequakt und seinen Standort preisgegeben. Der Satellitenfrosch hat den Nutzen – er hat eine Partnerin ergattert, ohne Kosten aufgewandt zu haben.

Ihr Hund „kalkuliert" genauso: Fifi darf grundsätzlich nicht auf den schönen, neuen Fernsehsessel. Eines Tages kommen Sie früher heim und ertappen ihn dabei, wie er doch auf diesem Sessel liegt. Bevor Sie schimpfen können, krabbelt Fifi schnell hinunter und rutscht Ihnen demutsvoll auf dem Bauch mit unsicher klopfendem Schwänzchen entgegen. Hat er ein schlechtes Gewissen? Nein, er hat kein schlechtes Gewissen. Auch in ihm läuft eine instinktive Kosten-Nutzen-Analyse ab:

- Nutzen des Sessels = saubequem und voller Überblick!
- Kosten = Herrchen/Frauchen wird sicher schrecklich sauer.

Fifi weiß aber auch genau, wie er Ihnen den Wind aus dem Segel nehmen kann: Wer wird es schon übers Herz bringen, mit so einem demütigen Häufchen Elend zu schimpfen? Na ja – und Sie drücken ein Auge zu ...

Was hat unser Fifi daraus gelernt? Er kriecht von nun an immer, wenn er was ausgefressen hat, anscheinend reumütig auf dem Bauch über den Boden und manchmal pfötelt er auch beschwichtigend. Was vergibt er sich schon, wenn er doch auf diese Weise trotzdem seine Privilegien ausbauen kann! Und der Mensch fällt jedes Mal darauf rein. Man nennt das in der Ethologie eine

Ein Hund weiß genau, was er tun muss, um unser „Geschimpfe" zu mildern oder gar zu vermeiden.

submissive Strategie. Hunde dieses Schlags wenden keine Aggressivität oder Aufsässigkeit an, um Privilegien zu erlangen, sondern sie ergaunern sich alles mit einer passiven Dominanz. Wenn Sie sich einlullen lassen, haben Sie verloren. Aber was tun? Trotzdem schimpfen? Nein, erinnern Sie sich, Sie sind Rudelführer! Sie agieren, statt zu reagieren! Verhindern Sie einfach von vornherein, dass Fifi die Möglichkeit hat, es sich in Ihrer Abwesenheit im Fernsehsessel bequem zu machen! Die Wohnzimmertür bleibt zu. Punkt, aus, fertig. So leicht geht es. Falls Sie einmal vergessen, die Tür zu schließen, und Fifi liegt im Sessel, wenn Sie zurückkommen – dann packen Sie sich an der eigenen Nase und sagen sich – so wie einer meiner Dozenten, Erik Zimen, es uns hundertmal gesagt hat:

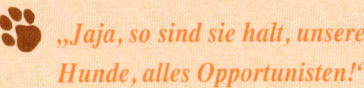 *„Jaja, so sind sie halt, unsere Hunde, alles Opportunisten!"*

Was ist Aggressivität?

Reiß- und Zerrspiele um die „Beute", noch dazu in frontaler Haltung zum Hund, fördern den Wehrtrieb und sind tabu ...

... vielmehr sollte der Mensch mit seitlich versetzter Körperhaltung signalisieren, dass es „nur" ein Spiel ist, sodass der Hund die „Beute" zu jedem Zeitpunkt auf Kommando wieder „ausgeben" kann.

Allzu schnell wird ein Hund, nur weil er zum Beispiel bellt oder weil er einer gewissen Rasse angehört, aggressiv genannt. Wir müssen uns bewusst machen: Aggressivität ist der ganz gesunde, normale Teil des Verhaltens, der dem Selbst- oder Gruppenschutz und der Regelung von sozialen Strukturen dient. So gesehen sind alle Menschen und alle Hunde aggressiv.

Bei einem noch so gutmütigen Hund ist irgendwann ein Punkt erreicht, an dem er sich wehrt und „aggressiv" reagiert. Diese Art von Aggression ist natürlich und sehr gesund, genauso wie ein gewisses Maß an Angst normal und angebracht ist. Wird ein Hund drohend in eine Ecke gedrängt und ihm fehlt jede Möglichkeit, der Bedrohung durch Flucht zu entgehen, kann *jeder* Hund mit Aggression reagieren – selbst der ängstlichste. Wir nennen dies Wehrverhalten, und lediglich die Distanz zwischen Hund und Bedrohung variiert, je nach Wesen des Tieres.

Im Übrigen liegen Angst und Aggression immer sehr nahe beieinander und stehen im Zusammenhang. Angst löst zunächst Flucht aus, und wenn diese nicht mehr möglich ist, kippt das Verhalten um in Aggression.

Gefährlich wird es, wenn die Aggressivität vom Menschen nicht mehr kontrollierbar ist oder wenn sie sich gar gegen den Besitzer selbst wendet. Aber das kommt nicht aus heiterem Himmel. Meist liegt eine (Leidens-)Geschichte zugrunde, eine fehlende Sozialisierung, ein nicht gelernter Umgang – sei es mit anderen Hunden, sei es mit Menschen. Oder der Hund wurde – oftmals! – unbeabsichtigt zum falschen Zeitpunkt in seinem Tun bestätigt. Wenn ein Hund einem Ball hinterherjagt und ihn sich dann nur unter starkem Knurren und Reißen oder sogar überhaupt nicht abnehmen lässt, mag das mancher Hundehalter ja noch lustig finden. Doch dieser Beutetrieb bedeutet für den Hund bereits: „Ich muss um die Beute kämpfen." Das heißt, in Wahrheit ist bereits der *Wehrtrieb* aktiv. Das Spiel ist kein Spaß mehr! Auf genau diese Art passieren immer wieder schreckliche Unfälle mit Kindern. Es ist in der Verantwortung eines jeden Halters, seinen Hund in jeder, wirklich jeder Situation abrufen und kontrollieren zu können.

Immer ist aggressives Verhalten ein Anzeichen für eine Stresssituation. Die natürliche Angst vor allem Unbekannten dient dem Schutz und ist jedem Welpen von Geburt an gegeben. Nur wenn wir ihn frühzeitig in alle Lebenssituationen einführen, also aus Unbekanntem etwas positiv (!) Bekanntes machen, kann er diesen (oder vergleichbaren) Situationen später stressfrei begegnen. Mit einem jungen Hund fällt das nicht schwer, denn er ist sehr neugierig und bereit, in Begleitung seiner Bezugsperson, Neues kennenzulernen. Ist trotz aller Sozialisierung irgendetwas schiefgelaufen und der Hund reagiert beispielsweise gegen Jogger aggressiv, bleibt nur, den Hund so zu erziehen, dass er in entsprechenden Situationen kontrollierbar ist. Oder er muss konstant gesichert werden.

Tipp:

Das Thema Angst und/oder Aggression ist ein sehr weites Gebiet, das hier den Rahmen sprengen würde. Ich kann jedem Goldschürfer nur empfehlen, seinen Hund gut zu beobachten, anfängliches Auftreten von aggressivem Verhalten nicht auf die leichte Schulter zu nehmen und frühzeitig Hilfe bei fachlich kompetenten Ansprechpartnern zu suchen. Nichtsdestotrotz sollten wir vorsichtig umgehen mit vorschnellen Beurteilungen und Bemerkungen über „aggressive Hunde". Sich in einem aggressiven Zustand zu befinden ist nicht aufbauend und kein Hund hat sich da selbst und freiwillig hineinmanipuliert.

Hinzu kommt, dass viele hündische Verhaltensweisen, die der *Konfliktvermeidung* dienen, von einigen Menschen bereits als aggressives Verhalten angesehen werden. Es ist wichtig, sich vor Augen zu halten, dass sogenanntes agonistisches Verhalten (das heißt in der Ethologie: alle Verhaltensweisen, die im Zusammenhang mit Auseinandersetzungen entstehen; griechisch: agonistis = der Handelnde/Tätige) immer eingesetzt wird, um einen Ernstkampf zu *verhindern*. Ein wenig provokant formuliert bedeutet das: Hunde, die nie knurren dürfen, lernen, schneller *ohne* Vorwarnung zu beißen.

Wenn wir beginnen, unseren Hund genauer als bisher zu beobachten, werden wir schnell einen Blick dafür entwickeln, ob er sich gelöst und unbefangen oder gestresst fühlt.

Hündisch für Nichthunde

Angst und Unsicherheit haben viele Facetten. Von subtilen Körpersignalen ...

Konfliktabbauende Signale können wir sehr gut bei Begegnungen unter fremden Hunden beobachten: Der eine dreht seinen Kopf weg, vermeidet Augenkontakt. Der andere schnüffelt intensiv am Boden, leckt sich mit der Zunge über das Maul, kratzt sich, sträubt das Nackenfell oder bellt übermäßig. All das sind nützliche und normale (Übersprung-)Handlungen, um Konflikte abzubauen und dem Gegenüber zu übermitteln: „Schau, ich suche keinen Ärger." Treten derartige Signale allerdings gehäuft und oftmals bei Begegnungen auf, ist der Hund überfordert. Sie können sich selbst und dem Tier viel ersparen, wenn Sie zu diesem Zeitpunkt bereits Hilfe in Anspruch nehmen, bevor sich Probleme festsetzen oder gar Beißunfälle passieren.

... bis hin zu Angstaggression. Diese wird hier unbewusst von der Besitzerin durch den Zug auf die Leine und ihre zufrieden wirkende Mimik bestärkt.

Wann ist der Hund ein Problemhund und braucht fachliche Hilfe?

Nur sehr selten kommt es zu *echten* Verhaltensauffälligkeiten, das heißt Verhaltensweisen, die effektiv von der Norm jeglichen hündischen Verhaltens abweichen. Meistens verursacht ein Verhalten schlicht Probleme im Alltag oder wird als unerwünscht bezeichnet. Sehr oft kommt es vor, dass ein Problem unbeabsichtigt vom Halter bestätigt wurde. Wenn ein Hund zum Beispiel extreme Angst bei Autofahrten zeigt und

Durch „Hochheben" bestätigt man dem ohnehin schon ängstlichen Hund, dass „Gefahr" droht.

Hündisch für Nichthunde

getröstet und mit beruhigenden Worten bedacht wird, wird sich die Angst verschlimmern. Für den Hund wirkt das wie ein Bedauern: „Du armer Hund hast aber auch allen Grund dazu, Angst zu haben. Komm, ich beschütze dich vor dieser bösen, bösen Welt." Beim nächsten Mal wird er noch mehr vor Angst schlottern. Und mit der Zeit werden auch ähnliche Geräusche und/oder Situationen (zum Beispiel Straßenbahnfahren) mit einbezogen.

Ernste Verhaltensprobleme sollten mit Therapeuten besprochen werden. Es schadet nicht, zuerst eine tierärztliche Abklärung durchführen zu lassen, um sicherzugehen, dass dem Verhalten keine krankheitsbedingte Störung zugrunde liegt. Kann man das ausschließen, sollten Verhaltenstherapeuten oder Tierpsychologen aufgesucht werden. Dies kann zum Beispiel nötig werden bei:

- Rangordnungsproblemen (regelmäßiges Knurren, Beißen von bekannte Personen)
- starken Ängsten und Phobien jeglicher Art aufgrund diverser Ursachen
- Geräusch-Phobien
- Trennungsangst
- Streunen und Jagdverhalten
- Problemen mit der Nahrungsaufnahme
- starken Sozialisierungsmängeln/Problemen mit der belebten und unbelebten Umwelt
- Aggressionsproblemen jeglicher Art aufgrund diverser Ursachen
- Rangordnungsproblemen unter Hunden im gleichen Haushalt
- Fehlverknüpfungen mit vergangenen Erlebnissen
- Stereotypien und Zwangshandlungen
- Markieren/Unsauberkeit
- aufmerksamkeitsforderndem Verhalten (Anspringen, Bellen, Bekauen von Gegenständen)
- diversen Erziehungsproblemen

Die meisten Tierärzte können entsprechende Adressen vermitteln.

Richtig loben bei der Arbeit mit Hunden

Viele Hundehalter sagen: „Nein, ich habe nie mit Leckerli gearbeitet. Ich will nicht, dass mein Hund ständig bettelt, und ich will nicht die nächsten 15 Jahre mit ausgebeulten, vollgekrümelten Jackentaschen herumlaufen." Ich akzeptiere diese Einstellung. Aber ich möchte darauf hinweisen, dass es weitaus schwieriger ist, einen Hund rein über verbale Motivation zu bestätigen. Dies nicht, weil der Hund etwa weniger auf lobende Worte reagiert, sondern weil die meisten Menschen Mühe damit haben, richtig aus sich herauszukommen und überzeugend genug sowie zeitgenau zu loben!

Wie natürlich die Futterbelohnung ist, haben wir anhand der Ausführungen über die Welpenerziehung bei den Wölfen gesehen. Die Welpen laufen der Mutterhündin freudig entgegen und betteln um Futter, indem sie ihr an den Lefzen lecken und so beim adulten Tier der Würgemechanismus ausgelöst wird (siehe S. 37). Noch präziser: Die Wölfin läuft ein paar Schritte weg und beginnt mit den uns allen bekannten pumpenden Bewegungen das Futter für die Welpen hervorzuwürgen. Die Welpen, die dem Wolf hinterhergelaufen sind, werden also durch hervorgewürgtes Futter belohnt. Die Folgebereitschaft wird geprägt.

Es muss nicht immer Futter sein. Für spielbegeisterte Hunde ist auch ein Spielzeug oder ein Dummy eine tolle Belohnung.

Es ist ein Jammer, dieses wunderbare Erziehungsmittel ungenutzt zu lassen. Die Futterbelohnung kann mit der Zeit eingeschränkt, durch den Clicker oder ein beliebtes Spielzeug ersetzt oder ganz eingestellt werden. Aber der Hund lernt einfacher, schneller und freudiger über Futterbestätigung.

Was ist mit der verbalen Belohnung, dem Loben und Motivieren? Gern! Allerdings: Loben sollte wirklich Loben sein. Also kein tonloses, gemurmeltes „braver Hund". Vielmehr sollte die Anerkennung, die unser Hund nach getaner Arbeit verdient, auch deutlich in der Stimme liegen. Ob das ein Jauchzen ist oder ein ruhiges anerkennendes „Jaawohl" – das hängt vom Temperament des Hundes und der Situation ab. Macht Ihr Hund gerade zum ersten Mal auf Befehl „Platz", dann ist ein Freudenschrei sicher kontraproduktiv, da der Hund aufspringt und sofort vor lauter Freude die „Platz"-Position verlässt. Kommt er aber auf Zuruf unverzüglich zu Ihnen zurück, kann Ihre Freude gar nicht groß genug sein!

Endlos lange Lobgesänge sind sinnlos. Lob ist ein Signal, das zum rechten Zeitpunkt gegeben werden muss. Macht der Hund „Sitz", dann soll die Handlung des „sich Hinsetzens" gelobt werden. Wie lange dauert es, bis ein Hund sitzt? Steht unser Lob im Einklang dazu? Oder wird er drei Minuten lang gelobt, nur weil er sich kurz hingesetzt hat? Gut, das ist übertrieben. Aber mittlerweile ist der Hund vielleicht schon wieder aufgestanden. Was loben wir dann eigentlich wirklich? Achten Sie auf Ihr Timing: Sie haben sage und schreibe drei Sekunden Zeit, damit der Hund richtig verknüpfen kann. Nicht mehr! Und Ihre eigene Reaktionszeit muss dabei auch noch berücksichtigt werden.

Mit der Motivation verhält es sich ähnlich. Motivieren bedeutet nicht, unablässig auf den Hund einzureden. Motivation – das ist verbales und taktiles Lob sowie *uneingeschränkte* Aufmerksamkeit, gepaart mit *echter*, im Herzen empfundener Freude zum rechten Zeitpunkt, nämlich dann, wenn es der Hund auch wirklich sehr gut macht.

 Beachte:

Loben sollte eine Sache von ganzem Herzen sein. Das verbale Lob bringt unserem Mimikexperten Hund gar nichts, wenn man dazu eine versteinerte Miene macht und im Hinterkopf auf irgendetwas anderes konzentriert ist oder nebenbei mit der Freundin telefoniert. Unsere Hunde wollen, wie wir auch, ernst genommen werden!

 Beachte:

Unsere Hunde wollen uns gefallen! Ansporn vom Rudelführer, egal ob verbal, taktil oder visuell, ist für sie einfach das Größte! Und nur, wenn wir selbst auch echte Begeisterung spüren, können wir ansteckend und glaubhaft wirken.

Ohne Tadel geht es nicht – aber wie?

An dieser Stelle möchte ich mit einem Irrglauben aufräumen. Ich höre immer wieder von Hundehaltern: „Zur Strafe habe ich ihn richtig im Nacken geschnappt und geschüttelt." Was, bitte schön, soll das – frage ich mich! Jeder einigermaßen seriöse Hundetrainer oder Wolfsforscher wird bestätigen: Der sogenannte „Nackenschüttler" stammt aus dem Repertoire des Jagdverhaltens und nicht aus der (Welpen-)Erziehung! Wollen diese Leute dem Hund signalisieren: „Haha, du bist meine Beute und ich schüttle dich tot!"? Was Hunde und Wölfe hingegen gerne tun, ist das Fell rund um den Hals zu packen und *festzuhalten*. Doch dabei wird *nicht geschüttelt*.

Wie tadeln oder strafen wir also richtig? Am liebsten souverän, wie es der Wolf tut: mit sofortigem Abbruch des Körperkontakts, umgehender Beendigung des Spiels, Entzug von allem, was dem Hund wichtig ist (Ignoranz), und mit tiefem, scharfem Tonfall. Was bei Ihrem Hund am meisten Wirkung zeigt – allerdings ohne ihn zutiefst zu verschüchtern! –, finden Sie selbst sehr schnell heraus. Endlose Fluchorgien bringen jedenfalls nichts.

Um einen Hund hart zu bestrafen, werfen wir ihn nicht „auf den Rücken". Die wenigsten Leute beherrschen den richtigen sogenannten „Alpha-Wurf", und demzufolge bleibt auch die gewünschte Wirkung auf den Hund aus.

Wir wenden vielmehr den *harten* oder den *weichen* Schnauzengriff an. Dieser stammt aus dem natürlichen Verhaltensrepertoire unserer Hunde und wird als Maßregelung von ihnen verstanden. Dabei fassen wir ihm von oben über die Schnauze und drücken die Fingerkuppen gegen die Lefzen (so als wäre unsere Hand das Maul eines Hundes und unsere Finger wären die Zähne). Je nachdem, wie ernst die Strafe ist oder wie sehr oder wenig unser Hund beeindruckbar ist, muss der Druck der Fingerspitzen intensiver oder weniger intensiv sein. Der Griff muss so lange anhalten, bis der Hund sich ruhig verhält und damit signalisiert: „Okay, okay, ich habe verstanden."

Getadelt wird bei Wölfen auch – aber ohne „Totschütteln". (Foto: U. Walz)

Hündisch für Nichthunde

Schon die Mutterhündin maßregelt ihre Welpen mit dem „Schnauzengriff" ...
(Foto: Tierfotoagentur.de/R. Richter)

...ein Verhalten, das also vom Hund verstanden wird, wenn Strafe einmal sein muss.

der seinen Rudelmitgliedern mit der Zeitung – oder vielleicht mit einem Büschel Laub – einen Klaps gibt?

Wenn es ganz tief bei Ihnen drinsitzt und der Griff zur Zeitung wirklich sein muss, dann schlagen Sie damit aber bitte auf den Schuh, den der Hund immer zerkaut, oder auf den Teppich, auf den er immer pieselt. Dazu fluchen Sie dann nach Herzenslust. Mit dem Schuh und dem Teppich wohlgemerkt, nicht mit dem Hund! Bei den meisten Hunden macht das großen Eindruck und sie meiden den Ort beziehungsweise Gegenstand Ihres Ausbruchs in Zukunft.

 Beachte:

Natürlich gilt auch beim Bestrafen: Das Wichtigste ist, konsequent zu sein. Nur wenn eine Unart immer auf die gleiche Art und Weise gerügt wird, ist für den Hund klar, was er nicht soll. Danach muss es dann auch wieder gut sein. Ihn eine halbe Stunde in ein anderes Zimmer einzusperren bringt gar nichts. Drei Sekunden Zeit haben Sie! Später ist die Rüge für den Hund nicht mehr mit seinem Fehlverhalten verknüpfbar. Nachtragend zu sein ist unserem Hund völlig fremd.

Eine sehr beliebte, gängige Strafmethode ist bei vielen Leuten noch immer, dem Hund mit der Zeitung einen Klaps „auf den Po" zu geben. Ganz ehrlich, lieber Goldschürfer, haben Sie schon einmal einen Wolf gesehen,

Spielend lernen und lernen zu spielen

Wenn Hund und Mensch miteinander spielen, ist das Bindungsaufbau. Der Hund lernt im Spiel, seine Bewegungen zu trainieren. Seine Konzentration wird geschärft und die Sinne werden angeregt. Spielend lernt es sich freudiger und konzentrierter. Das Vertrauen in den Spielpartner Mensch wird gefördert, die Bindung gestärkt und auch das Selbstvertrauen des Hundes wächst. Wenn allerdings immer nur der Ball geworfen wird, wird es selbst dem Hund mit der Zeit zu langweilig. Ein wenig Fantasie und Einfallsreichtum ist gefragt! Wie viele seiner Spielzeuge kennt Ihr Hund namentlich? Wann haben Sie das letzte Mal Verstecken gespielt? Auf Spaziergängen kann man vorhandene Infrastruktur nutzen und über Baumstämme balancieren, sich hinter Hügeln verstecken, Kurzstreckenrennen veranstalten, Spielsachen „revieren" (= suchen) lassen oder kleine Spuren legen.

An langweiligen Regentagen versteckt man Leckerli oder Spielsachen in zwei, drei alten Kartonschachteln, die ineinandergestellt werden, und lässt den Hund dann auspacken. Kopfarbeit bedeutet, der Hund lernt Selbstbeherrschung und lösungsorientiertes Handeln. Ihrer Fantasie sind keine Grenzen gesetzt. Nur Spaß machen soll es unserem „Nugget". Ihnen wird es gleichsam Freude bereiten, wenn Sie in das begeisterte Gesicht Ihres Hundes schauen.

Ich wünsche Ihnen von Herzen ein „hundeprozentig" glückliches Miteinander über viele Jahre hinweg!

Gemeinsame Spiele und Beschäftigungen – wie hier die Personensuche – schaffen Vertrauen und stärken die Bindung.

Anhang

Die Autorin

Martina Braun absolvierte ihre Ausbildung zur Tierpsychologin und Ethologin an der ATN = Akademie für Tiernaturheilkunde in Hilfikon (Schweiz). Sie besuchte Seminare bei namhaften Verhaltensforschern wie Dr. Erik Zimen, Joachim Leidhold, Günther Bloch, Prof. Dr. Hermann Bubna Littiz und Dr. Mircea Pfleiderer.

Martina Braun ist ausgebildete Hundeinstruktorin (HIK1) bei Certodog – Stiftung zum Wohl des Hundes. Im Jahr 1999 gründete sie ihre eigene Tierpsychologische Praxis und die Hundeschule „Nuggets" mit den Schwerpunkten Verhaltenstherapie für Hunde und Katzen in Basel. Sie selbst besitzt einen Hund und drei Katzen.

Martina Braun ist Autorin des Buches „Clickertraining für Katzen" (2005) sowie des Erfolgstitels „Kätzisch für Nichtkatzen" (2007), die ebenfalls beide im Cadmos Verlag erschienen sind.

Homepage der Autorin:
hundeschule-nuggets.ch
tierpsychologie-basel.ch

Anhang

Danksagung

Der Aufwand, der selbst hinter so einem kleinen Büchlein steckt, ist immens. Die Umsetzung ist nur möglich, wenn viele Menschen (und Tiere) freudig und bereitwillig helfen. Ich hatte das Glück, solche Helfer an meiner Seite zu haben, und möchte nicht versäumen, ihnen hiermit von Herzen zu danken:

Dem sehr engagierten Fotografen Ingo Seehafer (www.seehafer-fotografie.de), der nicht nur mit großer Kompetenz, sondern auch mit wohltuender Ruhe und Gelassenheit gewährleistete, dass alle „Shootings" für Mensch und Tier stressfrei verliefen; Peter Sohn, Hundeschule Alpha in Liestal/Schweiz (www.hundeschule-alpha.ch) für seine kollegiale Mithilfe; der Tierärztin med. vet. Gabrielle Scheidegger-Brunner, Kleintierpraxis Sevogel in Basel/Schweiz (www.sporthundemedizin.ch), die trotz massiver gesundheitlicher Probleme und einem kranken Sohn zur Verfügung stand; der Stiftung Schweizerische Schule für Blindenführhunde in Allschwil (www.blindenhundeschule.ch) für die freundliche Genehmigung, zukünftige Blindenhunde im Buch abzubilden; dem Verlag und im speziellen der Lektorin Sabine Poppe für die überaus angenehme Zusammenarbeit; der Grafikerin Esther von Hacht für ihre wunderschönen Illustrationen; den Hunde-Modellen Aischa, Alex, Allegro, Amie, Chica, Chilli, Easy, Eragon, Faido, Finntroll, Fly, Forest, Fuchur, Gallina, Geri, Happy, Hardy, Jack, Janis, Jojo, Kiki, Kylie, Layca, Linus, Luna groß und Luna klein, Meo, Momo, Neville, Pepo, Perla, Spyke, Tao, Timon, Tiro, Toby, Voyou und Wellington.

Danke ebenfalls an Kater Mogli und dem zweibeinigen, entzückenden Nachwuchs-Modell Lena sowie den mir nahe stehenden Menschen, die im Hintergrund alles taten, um meine Arbeit zu unterstützen.

Zum Weiterlesen

Baumann, Thomas:
Was Hündchen nicht lernt ... Welpen und Junghunde verstehen, prägen und erziehen.
Baumann-Mühle, 2003

Bloch, Günther:
Der Wolf im Hundepelz.
1. Aufl. Stuttgart: Kosmos, 2004

Molcho, Samy:
Alles über Körpersprache.
München: Mosaik, 2002

Rugaas, Turid:
Calming Signals.
Die Beschwichtigungssignale der Hunde.
Bernau: Animal Learn, 2001

Rugaas, Turid:
Hilfe, mein Hund zieht.
Bernau: Animal Learn, 2004

Weidt, Hans/Berlowitz, Dina:
Das Wesen des Hundes.
München: Naturbuch, 2001

Zimen, Erik:
Wölfe und Königspudel.
München: Piper, 1982

CADMOS
HUNDEBÜCHER

Sabine Thiele
SO WERDEN SIE EIN DREAMTEAM

Ob Welpe oder älterer Hund: Bei der Anschaffung eines Hundes treten viele Fragen auf, deren richtige Beantwortung mit darüber entscheidet, wie sich der gemeinsame Lebensweg des Mensch-Hund-Teams entwickelt. Die über hundert wichtigsten Fragen, die täglich in vielen Hundeschulen gestellt werden, beantwortet dieses Buch. Ein Leitfaden für das Zusammenleben mit Hunden, den jeder Hundebesitzer lesen sollte.

128 Seiten, farbig, broschiert
ISBN 978-3-86127-807-8

Martina Nau
PUBERTÄT UND WILDE ZEITEN

Wenn aus Engeln plötzlich Bengel werden ist es soweit: Der Hund ist in der Pubertät. Dieses Buch begleitet Hundebesitzer durch diese schwierige Zeit und macht Mut, sogar bei extrem erscheinenden Problemen den Kopf nicht in den Sand zu stecken, sondern durchzuhalten und mit den richtigen Tricks und Methoden alles wieder ins Lot zu bringen. Konkrete Trainingsanleitungen bieten hilfreiche Unterstützung für den richtigen Umgang mit alterstypischen Problemen.

128 Seiten, farbig, gebunden
ISBN 978-3-86127-811-5

Ulli Köppel
HUNDE VERSTEHEN MIT DEM RUDEL- KONZEPT

Verblüffende neue Wahrheiten über den Umgang mit Hunden und die Hundekommunikation von einem Schüler des Hundeverhaltensforschers Eberhard Trumler. In diesem Handbuch erfährt jeder Hundehalter was artgerechte Hundeerziehung ist und wie man mithilfe des Rudelkonzeptes eine tragfähige Mensch-Hund-Beziehung erreicht.

96 Seiten, farbig, gebunden
ISBN 978-3-86127-796-5

Gudrun Beckmann
WELCHER HUND PASST ZU MIR?

Kaum jemand kennt alle der über 300 international anerkannten Hunderassen. Die Auswahl ist verwirrend groß, doch die Entscheidung kann am Ende ganz einfach sein, sofern man sich im Vorfeld erkundigt. Das Buch zeigt, worauf beim Hundekauf zu achten ist und wie man sich richtig über die Eigenschaften, Stärken und Schwächen der einzelnen Hundetypen informiert.

96 Seiten, farbig, broschiert
ISBN 978-3-86127-704-0

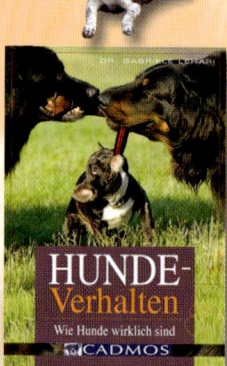

Dr. Gabriele Lehari
HUNDEVERHALTEN

In diesem Ratgeber wird anschaulich erklärt, wie man die „Sprache" der Hunde richtig interpretiert und was bestimmte Verhaltensweisen bedeuten. Ergänzt wird dies durch zahlreiche Fotos der typischen Verhaltensweisen von Hunden unterschiedlichster Rassen und Größen.

128 Seiten, farbig, gebunden
ISBN 978-3-86127-799-6

Cadmos Verlag GmbH
Möllner Straße 47 · 21493 Schwarzenbek
Telefon 04151 87 90 70 · Fax 04151 87 90 7-12
Besuchen Sie uns im Internet: www.cadmos.de

CADMOS